LAS MEDIDAS DEL TIEMPO EN LA HISTORIA
CALENDARIOS Y RELOJES

SEGUNDA EDICIÓN REVISADA Y AMPLIADA

COLECCIÓN: "ACCESO AL SABER"
SERIE: HISTORIA DE LA CIENCIA, nº 1

Muñoz Box, Fernando

Las medidas del tiempo en la historia : calendarios y relojes / Fernando Muñoz Box. 2ª ed., rev. y amp. Valladolid : Universidad de Valladolid, Secretariado de Publicaciones e Intercambio Editorial, [2011]

173 p. ; 22 cm. (Colección "Acceso al Saber". Serie Historia de la Ciencia; 1)

1. Tiempo – Medición I. Universidad de Valladolid, ed. Universidad de Valladolid, Secretariado de Publicaciones e Intercambio Editorial, ed. II. Serie

ISBN 978-84-8448-604-6

115:550.8.08.

FERNANDO MUÑOZ BOX

LAS MEDIDAS DEL TIEMPO EN LA HISTORIA

CALENDARIOS Y RELOJES

SEGUNDA EDICIÓN REVISADA Y AMPLIADA

UniversidaddeValladolid

Secretariado de Publicaciones
e Intercambio Editorial

SECRETARIADO DE PUBLICACIONES E INTERCAMBIO EDITORIAL
UNIVERSIDAD DE VALLADOLID

SEGUNDA EDICIÓN REVISADA Y AMPLIADA

Coordinador de la serie: Nicolás García Tapia

Diseño de cubierta:
Juan Manuel Báez Mezquita
Santiago Bellido Blanco

ISBN: 978-84-8448-604-6

Dep. Legal: VA.160-2011

Composición: SECRETARIADO DE PUBLICACIONES

Imprime: Gráficas Andrés Martín, S.L.

A los míos, a los que me han ayudado, a todos los que leyeron la 1ª edición.

A Ralf Doischer porque de él siguen siendo los mejores dibujos de este libro.

ÍNDICE

PRÓLOGO DEL AUTOR

Hubiera querido que esta segunda edición de mi libro tuviese un prólogo tan interesante como tuvo la primera edición, escrito de nuevo por Nicolás García Tapia, pero él afirma que en esta edición puede figurar todo lo que escribió a propósito de la primera edición, sin tocar una línea.

No soy yo quien le va a llevar la contraria. Y puedo aprovechar ahora para darle las gracias no sólo por el trabajo que puso en ello sino sobre todo por las palabras de alabanza que le dedicó entonces. Habrá que darle algo la razón, aunque yo no sea el más indicado para hacerlo, al tener ahora la satisfacción de haber preparado esta nueva edición.

En ella he procurado sobre todo que no quedase ninguna de las erratas que inevitablemente surgen en toda edición, y me estoy refiriendo a las que la primera tuvo. No fueron, gracias a Dios, numerosas ni indujeron casi nunca a confusión en la mayoría de las del texto. Pero fueron más dolorosas las que se deslizaron en el Apéndice Matemático, y no sólo las erratas, sino incluso algunos errores. Y lo fueron porque algunos lectores encontraron dificultad en llevar a cabo algún diseño de reloj concreto. Procuré arreglarlo personalmente con casi todos ellos.

He sido consciente de que cabían muchas ampliaciones y explicaciones adicionales en mi texto. Y en memoria y homenaje a Marcelo Alonso, he de decir que he seguido alguna de sus cariñosas indicaciones y correcciones, aparte de agradecerle la paciencia que un hombre de su categoría tuvo para leerlo.

Por otro lado, hubiera querido que el libro hubiese llegado a más amplios sectores, a pesar de que intenté que fuese lo más divulgativo posible (posible para mis facultades, claro). Y por ello dejé en la anterior edición, como Apéndice, una parte matemática sólo para lectores más expertos. Esto lo mantengo en esta segunda edición.

He dejado el texto corregido y enmendado donde ha sido preciso, pero prácticamente igual, excepto en un pequeño añadido en que he incluido lo que he elucubrado, con gusto, sobre ese período de tiempo inferior al mes, pero mayor que un día y al que llamamos "semana" en un sentido muy amplio. En efecto, la semana o periodo de días varió de unas culturas o civilizaciones a otras de manera que hubo semanas desde las tres días hasta las de díez, décadas en tal caso, conocidas sobre todo a raíz de la Revolución francesa y su calendario republicano.

Con todo ello el libro sigue vinculado a la colección "Acceso al saber" en su serie "Historia de la Ciencia", formato que me agrada particularmente entre otras cosas por las personas a las que me vincula. También me siento unido de esa etérea manera que algunos mencionan, a todos los lectores de la primera edición, y deseo que esta vinculación no falte con nuevos lectores cuando esta segunda salga a la calle.

F.M.B. Diciembre 2010

PRÓLOGO de la 1ª edición

Un libro, como éste que el lector tiene en sus manos, es el resultado del esfuerzo de un autor y de la existencia de un tema o argumento apropiado. De la habilidad y conocimiento del que lo escribe y del interés del tema depende en gran medida el resultado del libro.

En este caso, autor y tema garantizan la obra. Fernando Muñoz Box es un profesor de la Universidad de Valladolid que, además de su habitual actividad didáctica e investigadora ejercida durante muchos años, mantiene una dedicación dirigida hacia temas relacionados con la ciencia astronómica, los calendarios y los relojes de sol. El autor sabe trasmitir estos conocimientos con una amenidad y un rigor extraordinarios. En sus conferencias, siempre escuchadas con interés por un auditorio cautivado por su palabra, el profesor Muñoz Box sabe traspasar el entusiasmo por lo que está explicando a unos oyentes que nunca salen defraudados. Lo mismo ocurre con sus artículos, amenamente divulgativos y al mismo tiempo profundamente científicos.

Del tema del libro, los relojes de sol, los calendarios y la medida del tiempo, el hombre se ha ocupado desde hace muchos siglos. Puede decirse que la humanidad tuvo desde sus albores la conciencia de la periodicidad de los fenómenos astronómicos que contemplaba; la salida y puesta del sol, las fases de la luna, los cambios en la posición de los planetas, confluyeron para que el hombre realizase uno de sus inventos más apasionantes: el tiempo. Y lo llamo invención y no descubrimiento, porque se trata de crear algo no existente pero útil. Contar el tiempo fue una forma de acompasar los acontecimientos de la vida del hombre, poniendo coordenadas para referirse a lo que, en realidad, es una ficción de nuestra mente. En esta apasionada búsqueda por contar y definir el acontecer en tiempos medibles, aparecieron los primeros relojes y calendarios por los que las distintas civilizaciones han puesto horas y fechas a los hitos de su historia.

Así, desde los primeros toscos pero sabios instrumentos de medir el tiempo, hasta los complejos relojes de la actualidad, hay una larga historia que entronca con los progreso de la ciencia y de la tecnología. Son los primeros pasos de esta historia los que nos cuenta Muñoz Box, pasos no tan fáciles como pueden parecer ahora, ya que los primitivos relojes de sol pueden parecer simples, pero requieren una serie de conocimientos que no son tan evidentes. No basta con colocar un palo vertical y ver en qué dirección va la sombra para saber la hora. En esta operación, como nos hace ver el autor, intervienen una serie de factores que requieren conocimientos astronómicos. En este libro descubrimos cómo puede entenderse la relación entre el movimiento del sol, la sombra que produce y concluir de ello en qué momento estamos del día.

¿Qué hora es? He aquí una pregunta que hacemos o nos hacen muchas veces, incluso los desconocidos. Respondemos ahora con un movimiento de nuestra mano, consultando un pequeño artilugio que llevamos en la muñeca. El «dar la hora» es un gesto habitual de relación entre los hombres, que a veces continúa por un comentario: ya es tarde, aún es pronto... Es algo tan común entre nosotros que casi pasa desapercibido. Pero conocer la hora no siempre ha sido tan fácil. En otros tiempos tampoco era tan necesario como en nuestra actual vida de prisas, a veces sin sentido. El tiempo, la hora, el día o el año incluso, se entendía de una forma más laxa que como ahora lo concebimos. Y es que la tecnología de la medición del tiempo ha condicionado nuestras vidas, como lo han hecho algunas máquinas que ahora usamos habitualmente.

Muñoz Box nos cuenta cómo se medía el tiempo en la época en que éste dependía de un reloj de sol y en qué se basaba esta medición. Sabe muy bien de qué habla y cómo explicarlo, pues no sólo lo ha estudiado profundamente sino que ha construido y calculado relojes de sol. En mi casa tengo uno concebido por él, un reloj que marca cuántas horas han trascurrido desde que ha salido el sol. Como dice su leyenda, sólo mide las horas serenas, en las que el sol baña la pared donde está situado. Estas horas son diferentes según el día y nada tienen que ver con las que rigen actualmente, pero es el único reloj de mi casa al que no hay que preocuparse en darle cuerda, cambiar las pilas, ni adelantar o retrasar para acomodarse a la hora oficial. En todo los sentidos es un reloj de horas serenas y tranquilas.

Al mirar estos relojes de sol, sentimos una extraña fascinación por estos instrumentos –tan simples y a la vez tan complejos– que antaño estaban en los lugares públicos. En varios países de Europa, curiosamente los más sombríos, se han restaurado antiguos relojes de sol o se han reproducido para decorar las ciudades. A veces tienen una gran belleza artística que se une al atractivo de conocer una hora unida a la trayectoria del sol. En España prestamos poca atención a los relojes de sol que antaño estaban en las fachadas de las iglesias, de los ayuntamientos o de las casas particulares. Sería deseable que, libros como éste, recuperasen una afición que puede servir, no sólo para conocer nuestro pasado, sino también para recuperar la belleza de unos relojes que «daban la hora» a nuestros antepasados.

He aquí un interesante tema contado por un experto autor. Tenemos un buen libro asegurado.

Nicolás García Tapia

INTRODUCCIÓN

Cuando se intenta hacer un recorrido por las técnicas de medida del tiempo, deberemos plantearnos el significado de los términos tiempo y medida. No nos detendremos mucho en intentar definir lo que es la medida, con la que tratamos de conocer la magnitud de las cosas, aunque no deja de ser apasionante el saber que, como comenzamos ignorando su valor, no tenemos ningún medio de contrastar si la indicación o número que nos da la medida es precisamente la medida exacta de la cosa. A menudo se oye decir que en la física cuántica el hecho de la medida altera el valor de lo medido, pues en microfísica lo medido y el instrumento de medida son de la misma magnitud, y se añade que no sucede lo mismo en la física clásica. Debemos saber, sin embargo, que lo segundo no es del todo cierto, porque en ciertas medidas clásicas siempre se altera el valor de lo medido, por ejemplo cuando se utiliza un termómetro de mercurio, que tendrá su propia temperatura, es evidente que el mismo termómetro enfría o calienta, más o menos, la muestra a medir.

No nos pararemos tampoco en la consideración de los procedimientos, estadísticos o no, que se llevan a cabo para conseguir medidas de precisión inimaginable, y siempre es posible intentar el desideratum de medidas totalmente correctas, con tal de que se disponga de los instrumentos adecuados. Pues aunque la moderna mecánica cuántica se rige por el principio de incertidumbre, que impide conocer con total precisión el valor de dos variables conjugadas, no es correcto creer que este principio rige en física clásica. En conclusión, estamos dando por supuesto que, con los condicionantes dichos, el tiempo es medible, que existen instrumentos y procedimientos fiables de medida y que el resultado de nuestra medida es suficientemente aceptable.

Es claro que para la medida del tiempo necesitamos los instrumentos adecuados, pero antes habremos de definir las unidades de lo que se intenta medir. El sentido común nos dirá que una cosa es el tiempo a escala humana y otra el tiempo a escala histórica. Y por lo que se refiere al tiempo humano, no es lo mismo tener en cuenta acontecimientos que implican una duración considerable que aquellos otros que se realizan a corta escala de tiempo. La misma naturaleza nos ha proporcionado el transcurrir de los días para tener una unidad primordial. Por debajo de esa unidad el tiempo se mide principalmente con los relojes, y por encima de ella con los calendarios. Por eso hemos dividido nuestro estudio en dos partes fundamentales, la medida del mes y del año y la medida del día. Pero antes de abordar la primera de ellas, daremos oportunamente unas nociones básicas sobre el tiempo y su importancia.

Como el día lo fija a nuestras latitudes el salir y ponerse del sol, orto y ocaso en los libros clásicos, es evidente que conviene conocer el movimiento aparente del sol en la bóveda, y por ello no dejaremos de incluir unas nociones de astronomía elemental, que fundamente las divisiones del tiempo realizadas por la humanidad a lo largo de las épocas históricas. Y si el sol ha tenido su importancia, no se podrá negar la de la luna, que para muchas civilizaciones ha sido determinante a la hora de establecer calendarios. Por eso ha surgido una multitud de calendarios que recorreremos en su momento. Advertimos ahora que no nos interesa, de los calendarios, todos los nombres de días o meses, por mucho interés que tengan desde el punto de vista lingüístico, sino cuál ha sido la diversa forma de establecer mediante ellos las diferentes medidas del tiempo. Sin embargo, y aun cuando la denominación de los meses no es esencial para entender cada calendario, añadimos al final un apéndice con nombres de meses de varios calendarios, de los que excluimos los de aquellos que se comportan como el nuestro y cuya única variación sea de idioma.

La división del día nos dará otra visión del tiempo y los instrumentos de su medida serán los relojes. La horología o tratado de los relojes es enormemente amplia, y en los últimos siglos ha llevado consigo un prodigioso avance técnico en los relojes mecánicos, que en principio consistió en la posibilidad de miniaturizarlos, y así se pasó de los relojes de campanario a los diminutos de pulsera, y luego en introducir en el siglo XX la electrónica, que como sabemos ha llevado consigo una importante mejora en la precisión de la medida, sin olvidarnos de los espectaculares, por sus resultados, relojes atómicos. Pero nosotros, quizá porque somos algo románticos, y por otro lado no somos especialistas en mecánica relojera, preferiremos insistir en los relojes de sol, que llevan consigo una carga histórica tan importante como grande es el desconocimiento actual de su diseño o incluso interpretación, porque la experiencia nos dice que pocos saben leer la hora en un reloj de sol, y menos si el reloj es antiguo y no se tiene en cuenta la diferencia crucial que hoy vivimos entre la hora civil y la hora solar, diferencia de la que hablaban nuestros abuelos y que hoy hemos prácticamente olvidado.

ACERCA DEL TIEMPO

El tiempo es ese maravilloso invento humano del que no podemos prescindir. Acostumbrados desde pequeños a la percepción del tiempo, y como por imposición ambiental y social le atribuimos una realidad absoluta en la que nos sentimos inmersos, uno de los anhelos de la humanidad es trascender el tiempo, dominarlo, liberarse de su tiranía y, sobre todo, de su inflexibilidad, para poder dirigir a voluntad la flecha del tiempo en la dirección que nos convenga. En un mundo como el nuestro en que, por encima de todo, «time is money», los segundos llegan a tener una enorme importancia económica en el área de la comunicación o de la publicidad. La precisión se convierte también en tiranía, aunque inconscientemente de modo selectivo. Exigimos puntualidad a los trenes, a los informativos, y a los espectáculos, aunque no tanta a la hora de comenzar el trabajo, o de acudir a una cita con los amigos. Relojes de una precisión con la que no soñaban los científicos de hace un siglo, están en las muñecas de niños de pocos años. Tenemos prisa por llegar a los sitios, para después poder tirar el reloj en un rincón y dedicarnos a perder el tiempo de modo sorprendente durante horas o días de asueto. Hemos inventado el tiempo, hemos querido dominarlo, pero en el siglo que hemos comenzado, nos tiene completamente sojuzgados. Sin embargo no en todas las épocas históricas ha tenido el tiempo, y su transcurrir, la misma importancia.

Al tratar de las medidas del tiempo, estamos haciendo historia de la cultura y de la civilización, aunque si queremos llegar a entender la evolución y desarrollo en la realización de las medidas del mismo, tendremos que incluir las distintas maneras de entender el paso del tiempo. De hecho, en las diferentes culturas y en toda época histórica, se ha tenido siempre en cuenta el cómputo del tiempo, hasta el punto de que, en muchos casos, hacemos depender el grado de civilización de esas culturas de la perfección de sus calendarios. Pero cuando se trata de estudiar el tiempo en el contexto de la historia tendríamos que hacer primero un estudio del tiempo en sus dos vertientes, filosófica y científica, es decir intentar saber cómo se trató de definir el tiempo, y por otro lado cómo se empezó a medir esa magnitud física de tan considerable importancia.

Y aunque la idea o percepción que se pueda tener del tiempo no es totalmente independiente de la visión que se tiene del cosmos, no es nuestra misión abordar el asunto de la cosmovisión, pues intentamos más bien acercarnos al problema del tiempo desde la perspectiva científica y tecnológica. Por otro lado, queremos penetrar más en la cuestión de la medida del tiempo que en la de la definición del mismo, pues aunque de hecho podemos medir muchas magnitudes físicas sin tener un conocimiento profundo de las mismas, y sin que esté clara la realidad de tales magnitudes, no sería correcto hablar de la medida del tiempo sin tener una noción, si no distinta al menos clara, de dicha magnitud. Lo que nos llevaría también a estudiar el tiempo en su perspectiva filosófica.

Creemos por tanto que sería enormemente atractivo examinar no sólo cómo lo medían, sino también qué idea se hacían del tiempo, en diferentes sociedades y gentes, en diferentes épocas históricas. Y la tarea que nos tendríamos que imponer aquí sería vislumbrar cuál era la percepción del tiempo no sólo en los ambientes intelectuales, sino sobre todo entre los artesanos, no sólo en las cortes imperiales, sino también en los ambientes feudales, no sólo en lo que atañe a la casta sacerdotal sino también en lo secular, es decir tanto en lo civil como en lo religioso.

Es cierto que la naturaleza del tiempo ha intrigado al hombre en todas las épocas históricas. Y aunque no es nuestra intención penetrar en sus intríngulis filosóficos para desvelar dicha naturaleza, cuando tratamos de saber qué se entendía por tiempo no podemos dejar de lado las opiniones de los filósofos, no porque creamos que la mentalidad general estuviera totalmente influida por estas opiniones, más bien creemos que no lo estaba de ningún modo, sino porque ciertamente hubo influjo, al menos en ciertas épocas, como la Edad Media, cuando se contrapuso el tiempo a la eternidad en los escritos de los filósofos o en los sermones de las iglesias, y se trató de definir el tiempo no sólo por la medida del movimiento, al modo de Aristóteles, sino sobre todo por la percepción de dicho tiempo. Averroes señala que incluso defendiendo la unicidad del tiempo al relacionarlo con el movimiento de la primera esfera, el percibir el tiempo no estaría necesariamente sujeto a la percepción de dicho movimiento: Los ciegos, advierte, no carecen de la noción del tiempo aun cuando nunca hayan podido ver el movimiento de la esfera. Y aunque nosotros vamos a relacionar la idea del tiempo con los movimientos de la bóveda celeste, no olvidamos que esa noción del tiempo, según nos propone Averroes, está ligada a nuestra conciencia de existir como seres mutables y sujetos a cambios. De manera que todos sentimos el paso del tiempo más por el hecho de que van surgiendo en nosotros diversas necesidades fisiológicas, como comer o dormir, que por observación del movimiento de la esfera.

Pero el problema del tiempo, en casi todas las épocas históricas, se ha vivido por unos como un problema exclusivamente libresco o intelectual, por otros como una vivencia popular sin complicaciones, muy al estilo de la que tenemos hoy, en que poca gente duda, parece, de la «realidad» del tiempo, dejando a los «metafísicos» la elucubración pertinente. Es interesante y sugestivo, en este problema de la percepción del tiempo, el que a cada despertar conectamos subconscientemente con el tiempo que abandonamos la noche anterior, cuando nos quedamos profundamente dormidos. Por eso a las personas que están en coma mucho tiempo les cuesta volver al tiempo presente, porque esa conexión es intemporal. Y hemos dicho «profundamente dormidos», ya que en el estado de duermevela no abandonamos la sensación del paso del tiempo, y ello aunque de hecho tenemos una distinta y más lenta percepción del mismo.

CRONOLOGÍAS Y CALENDARIO

Nos proponemos comenzar indagando en los calendarios, al penetrar en el problema de la medida del tiempo, puesto que la vida civil, y también la vida religiosa, suele regirse por ellos. La necesidad de la datación, o fijación de la fecha de los acontecimientos que nos conciernen, es clara tanto desde el punto de vista de la vida civil como de la vida religiosa. La historia surgió cuando alguien se propuso poner por escrito los sucesos acaecidos en un cierto tiempo, lo hiciese ya «motu proprio», ya por exigencias de alguna autoridad. Pero era evidente que se necesitaba ordenar los acontecimientos de forma que los reflejase lo más objetivamente posible. Sabemos que la historia es sagrada o profana según el objeto a que se refiera, pero que la exigencia de contar y dejar por escrito los fastos de cualquier época, o las gestas de los poderosos, da suficiente razón para la introducción de la cronología. Ésta se entiende como la ciencia encargada de colocar y describir los sucesos en el orden en que fueron ocurriendo. Aunque la cronología es una ciencia de relativamente reciente creación, con todas la complicaciones que supone el hecho de que el modo de contar las diversas Eras dependía no sólo de cada pueblo o civilización sino de cada mandatario, es cierto que hubo ya teóricos en la antigüedad, como Eratóstenes, que se preocuparon del problema.

Es difícil determinar quién es el padre de la Cronología, pero sea quien fuere no puede dejar de citarse a S. Beda, llamado durante siglos Beda el Venerable, que en su convento de Norteumbría, intentó en el siglo VII compaginar los sucesos narrados en la Biblia con los que se conocían de otras fuentes antiguas, dejándonos por otro lado una magnífica Historia de Inglaterra. Ya en la Edad Moderna tendremos que citar del siglo XVI a José Escaligero, hijo de un príncipe renacentista italiano, quien se enfrentó, con cierta razón, a la Iglesia por causa de la Reforma Gregoriana, y que fue un magnífico conocedor de las épocas históricas. Su antagonista fue el jesuita Cristóforo Clavio, a quien se debe la culminación de la reforma que aplicó el papa Gregorio XIII. En los siglos XVII y XVIII queremos citar, como cronólogos, a los jesuitas Giambattista Riccioli y Dénis Petau, en latín Dyonisius Petavius, que analizaron también los calendarios y el fundamento astronómico de los mismos, abundando en el complejo problema de las cronologías.

Quienes estudian a fondo este problema saben que no sólo hay que compaginar las diversas épocas, sino también la multitud de calendarios que se utilizaron. Así que por una parte tenemos la cronología, que divide el transcurrir de los hechos históricos en épocas y eras, y por otra llegamos al calendario, que es el modo y sistema que tenemos de numerar, clasificar, fijar y determinar el paso de los días. Los calendarios surgieron de la observación de la bóveda celeste. Los movimientos de la misma constituyen el instrumento más general, más antiguo y, en su inmensidad, el más accesible para medir el tiempo. Aunque existieron y existen calendarios lunares, fundados en el ciclo de las fases de la luna, o meramente solares, cuya base es la repetición de la posición del sol en el cielo al cabo del año, es muy claro que la cultura cristiana se rigió desde el principio por un calendario prácticamente lunisolar, que tenía en cuenta no sólo el ciclo anual del sol y, por tanto, el devenir de las estaciones, sino también la presencia de los meses, equivalentes «grosso modo» a lunaciones.

MEDIDAS Y PODER

Las razones que mueven a establecer calendarios son tanto de orden civil como religioso, ya que se trataba de celebrar tanto fastos religiosos como civiles, y todos tenemos la experiencia de que en muchas culturas existen, más o menos compaginados, calendarios civiles y religiosos. Se trataba de establecer una cierta medida del tiempo. Toda medida significa en algún sentido un dominio sobre las cosas, y en la historia se puede ver cómo este dominio se quiso extender también, y sobre todo, a las personas. No es éste el lugar de hablar del poder que significaba establecer las medidas de los terrenos agrícolas, pero se puede vislumbrar que ya se midiese por la cantidad de trabajo que significaban, como por la cantidad de grano que hubiese que utilizar o por último como una extensión cuantificable, en todos los casos el agricultor estaba a merced de los que establecían las medidas, tanto si eran mercaderes como señores feudales. Y no nos extraña nada saber que las medidas de compra, las estableciese quien las estableciese, no eran iguales que las medidas de venta de los productos o de los mismos campos de cultivo. De ahí probablemente surgió la superstición de que medir no era bueno o incluso era pecaminoso medir no sólo al ser humano, sino también aquéllas cosas que más directamente le atañían[1].

De la misma manera, medir el tiempo era en la antigüedad algo que no estaba al alcance de todos. Y si, como vamos a ver, tal medida supone una gran complejidad, no tiene nada de particular el que el calendario fuese impuesto a los hombres desde las altas esferas, no sólo para establecer un dominio sobre ellos sino también para dar la impresión de que los problemas que llevaba consigo sólo estaban al alcance de gente

---

[1] Sobre este problema se sugiere la lectura de Kula, W., pp. 56 y ss.

estudiosa e inteligente a la que había que confiarse no sólo en este terreno sino en muchos otros de la vida práctica.

El problema de poder que significaba el controlar el calendario se manifestó en diversas formas a lo largo de la historia. De hecho en el antiguo Imperio chino la promulgación del calendario de cada año estaba reservada al Emperador mismo. Y, por ejemplo, en tiempos de Felipe II sabemos que no se concedía a todos el privilegio de impresión del mismo, y ello también sucedía en los Estados Pontificios, donde se llegaba a castigar con excomunión a los transgresores. Pero aunque hoy esto no sucede, sin embargo los impresores están obligados a acudir a estamentos oficiales para no errar en la edición de calendarios, disponibles para el común de los mortales a principios de cada año.

Insistiremos en que, al instaurar un calendario, no sólo se quiso hacer una clasificación del largo transcurrir de los días, o por otro lado conocer la mejor época de caza de diferentes animales, pues desde antiguo los hombres se dieron cuenta que interferir en la procreación de los animales, de manera que se eliminase a las crías en época no oportuna, hubiera significado comida para el presente y hambre garantizada en el futuro, sino fijar también las fiestas y celebraciones que venían ligadas con las estaciones a las labores del campo, como son las de las siembras y las cosechas, o cualquier otro tipo de conmemoraciones.

MEDIDA DEL TIEMPO Y CRONOLOGÍA

La cronología y el problema del tiempo tuvieron una edad dorada en la Edad Media, porque es entonces cuando aparecen las primeras órdenes monásticas con sus rezos a horas fijas y con la celebración de las fiestas cristianas que giran en torno al acontecimiento de la Pascua, y que como la de los judíos, el Pésaj, está ligada a la estación de la primavera y la aparición de la luna llena, como más tarde veremos. Pero una cosa es la ordenación de los días y otra la medida del tiempo. Ésta se hace y se ha hecho siempre con relojes, que por definición son los instrumentos para su medida. Aunque se conocen relojes desde la más remota antigüedad, la necesidad de regular los oficios divinos a lo largo del día, llevó consigo un resurgir de los relojes, y no es casualidad el que fuese precisamente en la Edad Media cuando aparecieron los primeros relojes mecánicos, capaces de dar las campanadas que, hasta entonces, estaban encargadas a algún monje, el cual seguía las horas durante el día con un reloj de sol, pero que necesitaba otro tipo de reloj, de agua, arena o candela, para conocer las horas nocturnas. Todo ello nos sugiere también que esa unidad natural que es el día, consta no sólo de múltiplos, sino también de diferentes submúltiplos que, como esos diferentes tipos de relojes, analizaremos más adelante.

No es que fueran los monjes los primeros en sentir la necesidad de regular el tiempo y medirlo con exactitud, pues los rezos obligados en el Islam impusieron, e imponen también hoy, necesidades parecidas, pero no cabe duda de que en la Edad Media son los monjes los que hicieron avanzar las ciencias de la cronología y de la horología, en función de dos parámetros religiosos. Por un lado la necesidad de realizar sus rezos de una manera regular, en las Horas Canónicas. Por otro, la exigencia desde el Concilio de Nicea de que el calendario y las fiestas religiosas estuviesen determinados por la celebración de la Pascua.

No parece existir duda de que la vida conventual estaba perfectamente ajustada por la medida del tiempo y por la necesidad que tenían de reglamentar los rezos. Sin embargo no creemos que la vida de los seglares estuviese tan pendiente de las horas, sino que pensamos que la vida civil a lo largo del día, y durante todo el año, se regulaba más bien de modo cualitativo. El amanecer indicaría para los ganaderos la hora en que había que dar de beber al ganado, y sacarlo a pastar. La comida principal estaría determinada por el paso del sol por el meridiano, o mediodía, que es el momento en que aquél alcanza la máxima altura sobre el horizonte, es decir su culminación, en su diario transcurrir, y la recogida del ganado, el ordeño y la colación nocturna estarían ligadas a la puesta del sol.

Conviene decir aquí que en astronomía se llama culminación al hecho de que un astro alcance su máxima altura sobre el horizonte, y no zenit, como muchos suelen afirmar. El zenit es el punto de altura 90°, y por tanto es el que está justamente sobre nuestras cabezas. El sol no alcanza el zenit más que en los lugares situados geográficamente entre los dos Trópicos. Sin embargo todos los días y en todas partes el sol alcanza, a mediodía, su culminación.

Los agricultores, por su parte, estaban tan condicionados por el curso diario del sol como por el pasar de las estaciones, pero día a día se organizaban en función de los eventos de la salida y puesta de ese astro, tanto para las labores de siembra como de recolección. Sin embargo ese transcurrir de las estaciones, que tan ligado estaba a los cultivos y las cosechas, hizo que la vida civil durante el año dependiese más del calendario que del reloj, y más de las horas de sol de cada día que de las horas mismas.

LAS ERAS Y LA CRONOLOGÍA

En este fenómeno del paso del tiempo es preciso tener en cuenta la necesidad, real o ficticia que han tenido los hombres, sobre todo los poderosos, de reseñar los acontecimientos más señalados inaugurando una nueva manera o un inicio en la cuenta del tiempo. A estas épocas importantes y señaladas se les llama Eras, y también las utilizan los historiadores y prehistoriadores en sus diferentes clasificaciones. Es fácil imaginar, si se conoce un poco la vanidad de los hombres, que las eras históricas han sido muchas[2], aunque sea cierto que lo que es un acontecimiento especial y digno de atención para unos, es muchas veces para otros merecedor del olvido.

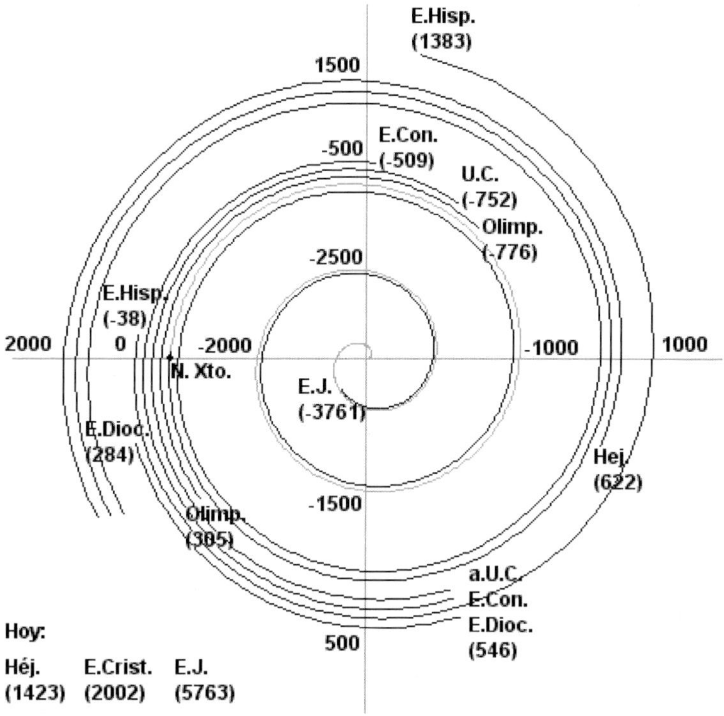

Fig. 1. En esta espiral se intentan visualizar algunas de las Eras que han influido sobre todo en nuestra civilización occidental. Se parte de 5000 años antes de Cristo, y cada cuarto de vuelta de la espiral significa 500 años. De modo cualitativo se pueden observar el nacimiento y el fin de diversas Eras históricas de mayor o menor relevancia.

---

[2] En el año 1937 el General Franco contabilizaba los años de la guerra civil como I Año triunfal, II Año triunfal, señalando el de 1939 como Año de la Victoria, y siendo el siguiente el II Año de la Victoria.

Aquí queremos indicar las eras que han tenido alguna repercusión en el modo de introducir los calendarios. Aparte de la célebre Era de las Olimpiadas griegas, que comenzó el 776 antes de Cristo, y que numeraba las Olimpiadas cada cuatro años, contabilizando los restantes años dentro de cada periodo olímpico, para nuestro propósito debemos señalar sobre todo la Era de la Fundación de Roma. Ésta tuvo lugar hacia el 754 a. C. y se ha tenido siempre en cuenta, incluso para determinar el inicio de la Era cristiana. Pero también en el mundo romano se introdujo en el 509 a. C. la Era consular, que supuso un peculiar cambio en la política romana. Más tarde, con los Emperadores hubo una gran proliferación de eras, ya que cada uno de ellos, o sus seguidores, pretendían iniciar con ellos el cómputo de los tiempos. Sin embargo advertiremos que es útil la referencia a la fundación de Roma para unificar los acontecimientos de la Civilización romana.

Nos detendremos por ahora en la Era de Diocleciano, y luego hablaremos de la de Augusto. La de Diocleciano tuvo importancia porque, tras la caída de Roma, es la que se tuvo en cuenta en casi todo el mundo bárbaro, y comenzó en nuestro año 284, es decir casi tres siglos después del Nacimiento de Cristo. Parece ser que hacia el 525, y por razones que luego veremos desde otra perspectiva, Dionisio el Exiguo quiso que se instituyera la Era Cristiana, mencionando el hecho de que Diocleciano había sido el último gran perseguidor de los cristianos. Convenía por tanto que la Cristiandad lo pasara por alto, y que para el cómputo de los años se tuviese en cuenta en todo el mundo cristiano el acontecimiento de la venida al mundo del Redentor.

En el mundo hispano de la Baja Edad Media se seguía, por otro lado, la Era de Augusto iniciada 38 años antes de nuestra Era, quizá porque coincidió el imperio de Augusto con el florecimiento de la cultura romana en nuestra península, dando con ello motivo para una nueva cuenta de los fastos históricos. Pero a partir del siglo XV todo el mundo cristiano se rige por la Era Cristiana.

Las tres Eras, más importantes, que llegan hasta hoy son la Cristiana, la Judía y la Musulmana. El comienzo de la Cristiana está aproximadamente en el año del Nacimiento de Cristo, aunque oficialmente comience en el año 1. Como veremos también más adelante, tanto los judíos como los musulmanes se rigen no sólo por su propio calendario sino también por sus propias eras. La Judía comienza 3760 años antes, con el supuesto año de la Creación fundado en una severa interpretación del Antiguo Testamento. La Islámica parte de la Héjira de Mahoma en julio del 622 de nuestra Era. Todo ello puede verse en la figura, aunque no se refleja en el gráfico que los años musulmanes sean más cortos que los años solares, y dando por supuesto que habrá una diferente numeración de los años de cada calendario, distinta por tanto de la nuestra, con los matices que explicaremos en su momento.

HABLEMOS DE UNIDADES

La unidad natural para la medida del tiempo ha sido siempre el día. El hecho de que el sol salga cada mañana, y vuelva a salir con seguridad y regularidad al día siguiente, determina una base fundamental para conocer el transcurso del tiempo, para tener conciencia de la propia edad, y para distinguir los sucesos históricos por la diferencia de los días. Naturalmente los días tienen su origen en la rotación de la Tierra. Pero no es preciso conocer que la Tierra gira, sino que basta con adaptarse al modelo de que el Sol está ligado a una esfera que gira regularmente a nuestro alrededor. En todo caso, se puede prescindir también de este modelo, y conformarse con definir el tiempo en función de un sol que aparece y desaparece regularmente por ambos lados del horizonte.

A partir de esta unidad natural nos encontramos con que la ordenación de los días en unidades de orden superior, ya sea teniendo en cuenta el ciclo lunar que determina los meses, o el ciclo solar que determina los años, ha llevado al establecimiento de los calendarios, mientras que la ordenación y medida de las partes del día es lo que ha determinado la invención de los diferentes relojes. Tendríamos que preguntarnos qué son las horas, y responder que no son sino distintas maneras de subdividir el día, aunque sabemos que para muchos la hora no es sino aquello que los relojes indican, sin pararse a reflexionar más allá. El sentimiento del transcurrir del tiempo, la sensación del paso de los días y de los años, no tiene por qué estar conectado con el estudio de los distintos relojes. Pero sí lo estará si lo que se pretende es hacer historia de los medios de medida del tiempo.

NUESTRA OBSERVACIÓN DEL TIEMPO

Si queremos comprender mejor cómo entendió la medida del tiempo en otras épocas el común de los mortales, deberíamos convertirnos nosotros en observadores de los fenómenos celestes, para ver hasta dónde seríamos capaces de construir nuestro propio modelo de calendario. Todos somos conscientes del paso del tiempo, del transcurrir de los días y las noches. Vemos a la luna ocupar su espacio en la bóveda, moverse durante el día, cambiar de posición en el cielo día a día, repetir sus fases. Por otro lado las estaciones, las cosechas, nos sugieren otro ciclo repetido. Así que en seguida apreciamos las unidades naturales de los ciclos repetidos del tiempo, que son el día (en el sentido «día más noche»), determinado por la salida y la puesta del sol, el mes o lunación, que depende de la configuración repetida de la luna, y el año, que queda determinado por la repetición de la llegada del verano o del invierno. Nuestro propio modelo contendrá por tanto días y meses, o días y años, o más elaboradamente días, meses y años. Habremos inventado el calendario lunar, que clasifica el tiempo a partir de los meses, o el solar que se fija en los años y también el lunisolar si se intenta unir meses y años de alguna manera. Saber la duración del mes lunar, o lunación, fue siempre una importante referencia, y para los astrónomos imprescindible si pretendían realizar observaciones muy detalladas de ciertas estrellas para las que incluso la leve luz de la luna era un obstáculo, o determinar anticipadamente los eclipses; y conocer la duración del año lo fue para que las fiestas dedicadas a las deidades que regían las cosechas, por ejemplo, se celebraran en la estación y fecha apropiada.

Hasta aquí no hay problema ninguno. También somos libres de subdividir el día en horas, minutos primeros y minutos segundos, con división sexagesimal[3], o hacerlo en uncias y momentos, como hicieron los antiguos[4], o de determinar las semanas, bien acomodándonos a la narración del Génesis de la Creación en siete días, bien dedicando cada día a uno de los planetas conocidos o bien inventando semanas más o menos largas que sirviesen de subdivisiones del mes, como parece que hicieron algunos pueblos antiguos, cuyas reminiscencias conservan los vascos en su lengua cuando se nombran los días de la semana[5]. Todo ello lo veremos después.

DIFICULTADES Y CICLOS

Las dificultades empiezan cuando nos damos cuenta de que ni el mes comprende un número entero y fijo de días, ni el año un número entero de lunaciones y ni siquiera de días. El ideal hubiera sido que todos los meses, ciclo lunar, tuviesen treinta días, y que al cabo de doce meses, es decir transcurridos 360 días, se cumpliese el ciclo anual del sol. Con esto se igualaría el número de días con el de la medida del círculo, que como sabemos es de 360° por influencias babilónicas de medida sexagesimal. En efecto, los caldeos y babilonios tenían como base de numeración el 60. Aunque parezca raro, la explicación está en que 60 es un número que tiene muchos submúltiplos: 2, 3, 4, 5, 6, 10, 12, 15, 20 y 30. La unidad superior sería 3600, que son 60 veces 60, pero que resultaba un tanto grande. El número 360 se ajustaba muy bien con los días que parecía tener el año, y

---

3 Hoy la palabra minuto se reserva para los minutos primeros, y la de segundo para los minutos segundos. Hubo también minutos terceros sexagesimales que han caído en desuso, pues hoy utilizamos una división centesimal a partir de los segundos.

4 Estas unidades pequeñas de tiempo no eran, como sucedió también con las de otras magnitudes, universales, y por eso tienen diferentes definiciones.

5 Astelehena, que es como llaman al lunes los vascos significa el primer día, mientras que asteazkena que es el miércoles significa el último día, lo que sugiere una arcaica semana de tres días, quizá condicionada por las necesidades de mercado.

tenía la ventaja de que a los submúltiplos anteriores se podían añadir el 8, 9, 18, 36, 45, 60, 72, 90, 120 y 180. Esta ventaja es quizá la que hace todavía prevalecer al sistema sexagesimal para las medidas de los grados frente a sistemas centesimales, ya se quiera dividir el círculo en 100 partes, ya se haga en 400, dejando el 100 para cada cuadrante de arco.

Pero como la situación ideal de meses de 30 días y años de 360, no se da, el problema fundamental es establecer la equivalencia precisa entre unas y otras unidades. Para ello hay que determinar la duración exacta de los meses, y el número de días que han de transcurrir para considerar iniciado un nuevo ciclo anual. Nuestro sentido común, sin estudio y sin bases científicas, no basta para elaborar el modelo correcto de calendario. Desde antiguo se pensó que quizá podría haber coincidencias en ciclos mayores, lo que contribuiría a resolver el problema. Es decir que si un año no tiene un numero exacto de días, cuatro años sí podrían tenerlos, lo que dio origen a los años bisiestos, como sabemos. Y, a su vez, si un año no tiene un número entero de lunaciones, diecinueve años podrían contener un número entero de las mismas, que es el llamado ciclo de Metón. Estos grandes ciclos tendrán una importancia enorme en la determinación de la fecha pascual, como luego veremos.

EL NÚMERO ÁUREO Y EL CICLO DE METÓN

Hablemos del número áureo: A cada año desde tiempo inmemorial se le asignaba un número, que se escribía con cifras doradas, y que estaba comprendido entre 1 y 19. Ello se debía a que Metón había comprobado que el ciclo lunar de las fases se repetía en una determinada fecha del calendario cada diecinueve años. Así, si en el 2002 la luna nueva de agosto ha sido el día 8, también sucedió el 8 de agosto de hace 19 años, y volverá a suceder dentro de otros 19. La asignación a cada año de un número, que va del 1 al 19, ni se ha interrumpido ni se ha alterado nunca a pesar de las reformas del calendario o de la diferencia de las Eras históricas. El año 2002 hemos tenido como número áureo el 8, o el VIII, según lo queramos escribir, y se supone, según el ciclo de Metón, que todos los años de número áureo 8 tienen un novilunio el 8 de agosto, como ha sucedido en el 2002. Lo interesante de este ciclo, y lo erróneo, aunque el error sea leve, es que según él la luna nueva no puede suceder en cualquier día del mes, porque si el ciclo se repite al cabo de diecinueve años, en cada mes sólo hay diecinueve fechas en las que sí se puede dar la luna nueva, y otras en que nunca se podrá dar tal circunstancia.

Estas fechas asignadas a cada mes en ese periodo de 19 años podían colocarse en una tabla que serviría de referencia no sólo para saber la fecha del comienzo de las lunaciones, sino también la de las fases de la luna en cualquier mes de cualquier año del ciclo. Por ello los cronólogos construían tablas de novilunios que tenían como perpetuas, aunque de hecho no siguiesen en demasía a la luna real. Podemos decir que esas tablas daban las fechas oficiales del novilunio, las neomenias de todo el año, aunque no siempre coincidieran con las fechas reales en que tales novilunios eran observados por los astrónomos.

A pesar de que este ciclo no es exacto, y de hecho hay que corregirlo quitando un día cada 304 años, lo que sí se ha mantenido, como ya hemos dicho, es la secuencia invariable del número áureo asignado a cada año. La inexactitud del ciclo se reflejará en un cambio de las tablas lunares, es decir habrá que cambiar, a la larga, las fechas asignadas a los novilunios.

El ciclo de Metón era de 235 lunaciones: 115 lunaciones de 29 días y 120 de 30 días, o sea 6935 días, al cabo de los cuales las fechas correspondientes a cada mes y a cada número áureo se volvían a repetir. Pero si dividimos 6935 entre 19 años nos salen años de 365 días, lo cual nos tendría que hacer desconfiar de la exactitud de este ciclo. Un ciclo de Metón corregido debería darnos 6940 días para que el año sea cercano a 365,25 días, que se aproxima más a la duración de lo que veremos luego que es el año trópico.

FUNDAMENTACIÓN ASTRONÓMICA

Con el fin de estudiar correctamente el comportamiento temporal de los cuerpos celestes es preciso hablar algo de astronomía. La astronomía es la ciencia que trata de los astros, que en principio son todos los cuerpos que están en el universo por encima de nuestro planeta Tierra. Pero nuestro contacto con tales cuerpos sólo se da en principio de forma visual, porque generalmente creemos que además de los evidentes Sol y Luna, todos los puntos luminosos que vemos en la bóveda corresponden a un cierto astro. Hoy sabemos que existen otras formas de acceder a la información que esos astros nos proporcionan (espectrometría, ondas de radio, etc.), pero hasta fechas muy recientes en la historia la única información que nos llegaba era la visual, de manera que para la humanidad todos los puntos brillantes que se veían en el cielo eran astros, y en principio no había más astros que los que la vista alcanzaba, aunque hoy sabemos que ello no es así.

La astronomía empieza por estudiar la posición que esos astros ocupan en la bóveda celeste, llamándose por ello astronomía de posición. Después intentará discernir los movimientos de dichos cuerpos, y distinguirá rápidamente un movimiento diario en que parece que todos los astros dan una vuelta alrededor de nosotros, manteniendo su disposición, y otro movimiento más difícil de advertir que nos hará diferenciar los astros en fijos y errantes, según que ocupen una posición, relativa a otros, constante o variable. Un último paso tratará de encontrar la naturaleza física de todos esos cuerpos, cuyo estudio suele denominarse astrofísica.

ASTRONOMÍA DE POSICIÓN

Empecemos por la astronomía de posición. Cada ser humano observa la bóveda desde su punto de vista, y se encuentra colocado en un suelo, en principio plano, y ocupando un lugar central en la bóveda aparentemente esférica (en realidad semiesférica por causa del horizonte) que le rodea. En esa bóveda aparecen los diferentes astros, y para fijar su posición se determina primero un punto especial en la bóveda que es el que está justamente sobre la cabeza del observador y que se llama zenit, y en segundo lugar un círculo máximo[6] que es el plano en el que se encuentra el observador, que se llama horizonte, y que es también la tierra que pisamos. Hay otro punto opuesto al zenit que se encuentra bajo los pies del observador y que se llama nadir. Al sistema determinado de esta forma se le llama sistema horizontal de posicionamiento o de coordenadas horizontales.

Se hace pasar otro plano por el zenit y un determinado punto (que nos conviene que sea el polo norte y que designaremos como P.N.) y a dicho plano, o círculo máximo, se le llama meridiano, por razones que luego veremos. El punto de corte del meridiano con el plano del horizonte determina un punto norte en la línea del horizonte, que establece la dirección norte de los mapas terrestres, con lo que se puede especificar, a partir de ese punto del horizonte, un ángulo azimutal que va desde 0° a 360°, y que en general aumenta en sentido horario visto desde el zenit. Cuando se quiere fijar la posición de un astro se hace pasar por él un plano paralelo al horizonte, que se denomina almicantarada, y otro plano vertical que a su vez pase por el zenit. Este plano forma un ángulo diedro con el meridiano, ángulo que llamamos azimut, y en ese mismo plano se delimita también el ángulo entre el horizonte y el astro, y lo llamaremos altura. De hecho cada almicantarada se encuentra a una diferente altura del plano del horizonte, altura que se contará desde 0° a 90°. Azimut y altura son las coordenadas horizontales del astro dado, y su nombre proviene del plano de referencia que hemos escogido.

---

[6] En rigor circunferencias máximas de la esfera son las determinadas en la superficie de la esfera por planos que la corten pasando por el centro de la misma, éstos planos serían los círculos máximos.

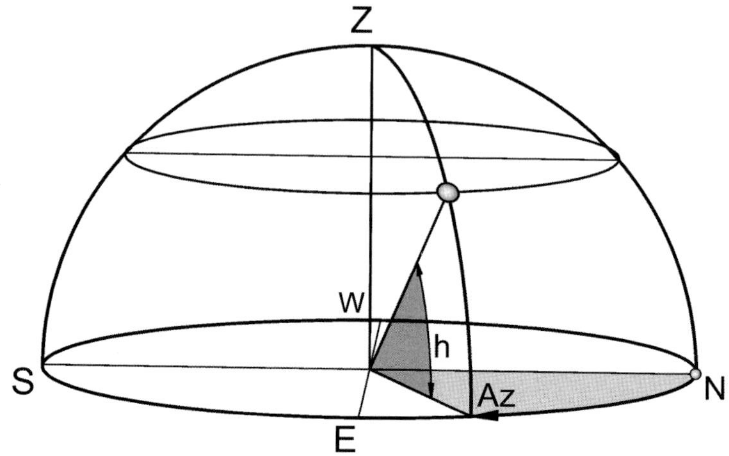

Fig. 2. En coordenadas horizontales el plano de referencia es el plano del horizonte. El observador se encuentra en el centro del hemisferio, y sobre su cabeza se encuentra el zenit. El plano meridiano, que contiene al zenit y al P.N., delimita los puntos norte y sur del horizonte. Puede verse la almicantarada de posición de un astro. Altura y Azimut son las coordenadas horizontales que definen la posición de cualquier objeto de la bóveda.

En un tiempo dado tenemos perfectamente definidos el azimut y la altura de todos los astros que estén en ese momento en la semiesfera que nos es visible. La medida del azimut no es difícil, se utilizan teodolitos medidores de ángulos, o goniómetros, en los que la dirección del norte del horizonte está indicada generalmente por una brújula. Y para determinar la altura se han utilizado tradicionalmente las ballestillas, primero, y después los cuadrantes, sextantes y octantes[7].

La ballestilla era un instrumento muy simple que permitía, mediante dos tablas cruzadas calcular el ángulo subtendido desde una cierta posición de lo que se observaba. La tabla vertical, corrediza, era más corta que la horizontal. La relación entre la altura de la misma y la distancia al observador permitía calcular directamente la tangente del ángulo de que se trataba e indirectamente, el ángulo mismo. Aproximándose o alejándose, el ángulo subtendido variaba, y se medía también por la tangente trigonométrica del mismo. Conocidos ambos ángulos y el camino recorrido para medirlos era sumamente fácil, mediante cálculo, conocer la distancia requerida.

Por su parte los cuadrantes, sextantes y octantes son unos instrumentos que han persistido hasta nuestros días. Todos ellos consisten en un sector circular en el que se marcan los ángulos, y mediante algún

---

[7] Vicente Maroto, M.I. et al., cap. VII

espejo y un visor se consigue que el ángulo entre dos posiciones del instrumento esté relacionado con el ángulo mismo que se quiere medir. El nombre de cuadrante sugiere un ángulo de 90°, lo que permite medidas hasta 180°, por una conocida propiedad del espejo plano. El sextante es de 60°, con medidas hasta 120° y el octante de 45° permite medir ángulos hasta los 90°.

Fig. 3. La ballestilla o báculo permitía medir distancias entre lugares inaccesibles. Si desde un punto se observa la distancia a medir con el visor del báculo, el ángulo subtendido puede medirse con las dos varas o tablas. Dos medidas bastaban para el cálculo.

Fuese cual fuese el método de medida de los ángulos, el sistema horizontal de posicionamiento tiene el inconveniente de que el azimut y la altura de cualquier astro varía continuamente en el tiempo y por tanto no es un sistema generalizado. Además para otro observador colocado en una latitud terrestre diferente, el azimut y altura en un momento dado no coinciden con los del primer observador. Existen sistemas universales de referencia, pero por ahora no los explicaremos porque no son relevantes para los problemas que nos planteamos aquí.

EL SOL Y LOS PLANETAS

Todos tenemos la experiencia de que la bóveda celeste no está quieta sino que está girando sobre un cierto eje imaginario que, si nos fijamos, vemos que pasa por el punto P.N., que hemos dicho que es el polo norte. Aparentemente la bóveda gira de tal manera que da una vuelta en un día, arrastrando en su movimiento a todos los astros. Y así vemos que, con ello, el sol sale por la parte del horizonte cercana al este, y se pone por la oeste. La luna tiene un comportamiento parecido, y de los demás astros podemos decir que hay algunos que sólo están un breve intervalo sobre el horizonte, otros cerca de medio día, y otros, los más cercanos al polo, llamados por ello circumpolares, persistentemente, porque carecen de orto y ocaso.

Pero también advertimos que de estos astros unos parecen tener un movimiento propio en la bóveda, mientras que otros permanecen fijamente adheridos de forma que su único movimiento es el de la bóveda misma. A los últimos se les llamó desde antiguo estrellas fijas, y también se les asignó una esfera en que estaban como fijadas, por encima de las esferas de los que tenían movimientos erráticos o irregulares, y que por esta razón fueron llamados planetas, que significa errantes, por los griegos. En esta categoría estaban no sólo Mercurio, Venus, Marte, Júpiter y Saturno, sino que, desde este punto de vista del movimiento, también tenían naturaleza planetaria el Sol y la Luna.

En efecto sobre ese fondo de estrellas fijas, vieron que el sol tenía un movimiento retrógrado continuo, es decir en sentido contrario del movimiento diario y tal que daba una vuelta completa en el plazo de lo que se llamaba año. En cuanto a la luna tenía también un movimiento similar, pero más rápido de forma que su vuelta completa se realizaba en el plazo de un mes. Los distintos planetas tenían distintos periodos, y además su movimiento retrógrado no era continuo sino que a veces cambiaban su dirección convirtiendo en directo su movimiento. Esto es lo que se quiso decir cuando se dijo que su movimiento era propiamente errático a la vista. Éstos eran los verdaderos planetas, dejando a un lado al Sol y a la Luna.

El movimiento anual del sol por la bóveda no es directamente perceptible. De hecho lo que se observó fue el movimiento anual de las constelaciones que aparecía cada noche en la bóveda nocturna. Desde antiguo se supuso que el sol recorría diferentes constelaciones, de forma que pasase por todas las que se encontraban en una cierta franja del cielo en el término de un año. Se encontraron doce constelaciones en dicha franja, que hoy llamamos Zodiaco, y se imaginó que eran doce casas en las que el sol tenía el capricho de guarecerse en cada mes del año, si llamábamos mes al tiempo en que la luna cumplía con su ciclo de fases. Conviene añadir que en esta franja hay una decimotercera constelación, como todos hemos oído comentar algunas veces, que es Ofiuco, o el domador de la serpiente, y que también es una constelación atravesada por el sol en la época en que oficialmente está en la constelación de Escorpio. Se ha prescindido siempre de ella porque estropeaba la secuencia de las doce casas.

La luna, por su parte, tiene un movimiento fácilmente distinguible día a día, pudiendo verse sin dificultad la constelación en que se encuentra cada noche. Pero no sólo la luna cumple su periplo en lo que llamamos mes, sino que también va adquiriendo diversas formas, presentándose en diferentes fases: creciente, llena, menguante, nueva y otra vez creciente, etc. No hay más que contabilizar el número de días que tarda la luna en recorrer las cuatro fases. Y si contamos de luna llena a luna llena, o de nueva a nueva, tendremos la duración del llamado mes sinódico.

Aunque llamamos fases de la luna a los diversos aspectos con que ésta se presenta a nuestra vista, desde el punto de vista del Sol, éste mira siempre al día de la Luna, siendo la otra parte la noche lunar, independientemente de su giro. Es decir, que la Luna gira respecto al Sol, y por tanto tiene sus días, la parte iluminada, y sus noches, la parte oscura. Pero respecto de nosotros, o sea vista desde la Tierra, la Luna siempre nos presenta la misma cara, y por ello llamamos parte oculta a la que nunca somos capaces de ver. Esto es importante entenderlo bien porque muchas veces se confunde la parte oscura con la parte oculta, y la iluminada con la visible. Las fases son la diversa iluminación de la cara que vemos.

En los eclipses de luna la parte oscura está producida por la sombra de la Tierra, y como siempre tienen lugar en luna llena significan una sombra en pleno día lunar, que puede ser total o parcial según sea la parte de disco oscurecida. Desde el punto de vista de la Luna, el eclipse es para ella solar, mientras que por el contrario, en nuestros eclipses de sol, la Luna está normalmente iluminada por el Sol, y no sólo presenta hacia nosotros su lado oscuro, por lo que estos eclipses tienen siempre lugar en luna nueva, sino que además proyecta una sombra moviente sobre la superficie de la tierra. El movimiento de esta sombra depende sobre todo del giro de nuestro planeta, pero no es ajena, aunque en menor medida, a la traslación lunar.

Si se consideran las fases desde el punto de vista de la Tierra, la Luna aparece con su disco completamente iluminado cuando está en oposición con el Sol, mientras que está oscurecida para nosotros si está en conjunción, y a eso lo llamamos luna nueva, porque se considera entonces que comienza una nueva lunación. Aclaremos que se llama oposición de dos astros al hecho de que estén en puntos diametrales de la bóveda, y conjunción cuando aparecen en la misma dirección en ella. Es evidente de que en los cuartos creciente o menguante, vemos solamente iluminado medio disco, el de la derecha o el de la izquierda. Interesa decir que en el hemisferio norte se ve iluminada la parte derecha del disco en cuarto creciente, y la izquierda en cuarto menguante, de manera que en nuestro cielo aparece dibujada una D durante la luna creciente y una C durante la menguante. Ello ha llevado a tener a la Luna como falaz y engañosa por indicar creciente (C) cuando es menguante y decreciente (D) cuando es creciente. Sin embargo en el hemisferio sur sucede justamente al contrario.

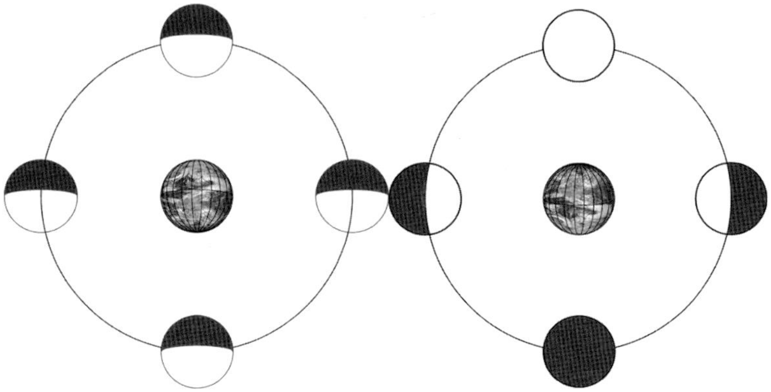

Fig. 4ª Desde el punto de vista del sol, éste mira siempre al día de la luna, siendo la otra parte la noche lunar, independientemente del giro de la luna. La parte que para nosotros es visible es la iluminada por el sol, y la parte oscura constituye la noche de la luna.

Desde el punto de vista de la tierra, la luna aparece con su disco completamente iluminado cuando está en oposición con el sol, mientras que está oscurecida para nosotros si está en conjunción. En los cuartos creciente o menguante vemos solamente iluminada la mitad del disco.

LAS ESTACIONES

Volvamos al sol. Cada día la bóveda realiza un giro alrededor del eje «polo norte–polo sur», y se puede considerar, en primera aproximación, que el sol se mantiene en un mismo plano paralelo al ecuador durante el transcurso de un día, pasando a otro plano distinto al siguiente. Se dice que cambia de declinación cada día, pues declinación es la distancia angular entre un paralelo y el ecuador. En nuestra cultura mediterránea se observó también que el sol, aunque sale siempre cerca del este y se pone cercano del oeste, ni se ponía ni salía siempre por los mismos puntos del horizonte. De hecho recorre en él un amplio arco, que a nuestra latitud supera los 60°, de manera que durante seis meses el azimut correspondiente al orto y al ocaso está más cerca del sur del horizonte y durante otros seis meses lo está del norte del mismo. Se vio también que cuando llegaba al punto más cercano al sur que fuese posible, parecía pararse y empezar a retroceder día a día. El sol se paraba, se estaba quieto ese día, o en latín «sol stat», y a tal punto se le llamó solsticio. En ese día el sol estaba pocas horas sobre el horizonte desde su salida, los días de esas fechas eran cortos y las noches largas, la tierra se enfriaba, los árboles habían perdido sus hojas, los osos y otros animales se refugiaban en sus madrigueras suspendiendo sus actividades. Había llegado el invierno.

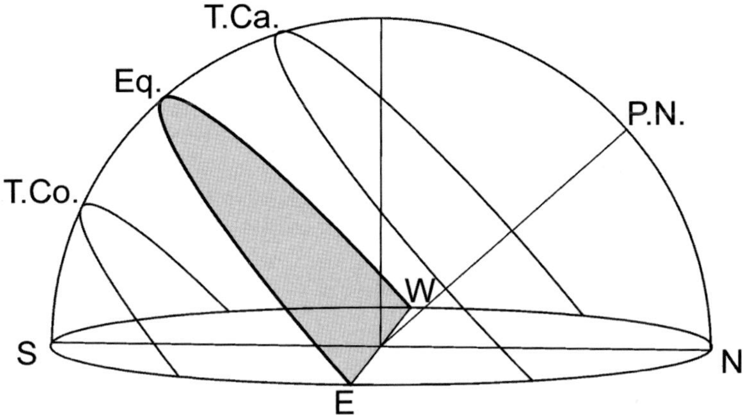

Fig. 5. Cada día la bóveda realiza un giro alrededor del eje «polo norte–polo sur». En la bóveda celeste el sol se mantiene todo el año dentro de la zona llamada zodiacal. Cambia de declinación cada día, de manera que cambia de paralelo. Los paralelos que limitan la zona zodiacal son los trópicos de Cáncer y de Capricornio respectivamente, y el paralelo de declinación 0° es precisamente el ecuador. Son las principales trayectorias solares.

Pero el sol seguía moviéndose todos los días por el horizonte hasta llegar a un punto lo más cercano posible al norte geográfico y dejaba de retroceder en un cierto momento en que, estático otra vez, marcaba los días más largos y las noches más cortas. En consecuencia el tiempo era caluroso, se imponía la recolección de las cosechas, sobre todo de cereales. En ese recorrido por el horizonte se había pasado por un punto en el que se observaba cómo renacía la vida aletargada por el frío del invierno, verdeaban los campos, la actividad sexual de los animales se despertaba, y el sol estaba las mismas horas sobre el horizonte que por debajo de él. Era el equinoccio de primavera, cuya etimología sugiere esa igualdad de horas. Equinoccio es la fecha en la que se supone que el día y la noche se igualan. Sin embargo del verano al invierno se pasaba por otro equinoccio en que la vida se preparaba para otro descanso invernal, caían las hojas, se cosechaban los últimos frutos, era el equinoccio de otoño.

Desde este punto de vista de las estaciones y del movimiento del sol en el horizonte ya vemos que se puede definir un ciclo repetitivo, al que se llamó año. En la bóveda celeste se mantiene todo el año dentro de la zona llamada zodiacal. Los paralelos que limitan la zona zodiacal son los trópicos de Cáncer y de Capricornio respectivamente. En ellos se encuentra el sol en los respectivos solsticios. Mientras que, por otro lado, el sol se encuentra en el ecuador los días correspondientes a los equinoccios.

Pero si tenemos en cuenta nuestros conocimientos sobre la órbita que en el espacio recorre la Tierra anualmente, deberemos decir que, conforme a las leyes de Kepler, dicha órbita es una elipse en la que el Sol ocupa uno de los focos. En consecuencia hay dos puntos de máxima y mínima distancia entre el Sol y la Tierra. Son el afelio y el perihelio. La línea que los une se llama línea de los ápsides, y en principio la Tierra tardaría seis meses en pasar de un punto a otro, y un año en volver al mismo punto.

Conviene advertir aquí que el invierno y el verano no coinciden con el hecho de que la Tierra está más lejana o más cercana al Sol. De hecho para nuestro hemisferio es invierno cuando la Tierra se acerca y verano cuando se aleja. De todas formas, como en el hemisferio sur sucede al revés, hay que descartar que la razón y existencia de las estaciones estén relacionadas con el afelio y el perihelio. Los cambios climáticos acompañan como es natural al cambio de estación, pero se debe hacer notar que siempre habrá cuatro estaciones astronómicas, es decir la primavera que empieza en un equinoccio, el verano, que comienza en uno de los solsticios, el otoño, en el otro equinoccio, y el invierno en el segundo solsticio. Sin embargo en algunos lugares las estaciones climáticas no son más que dos, en general la seca y la lluviosa.

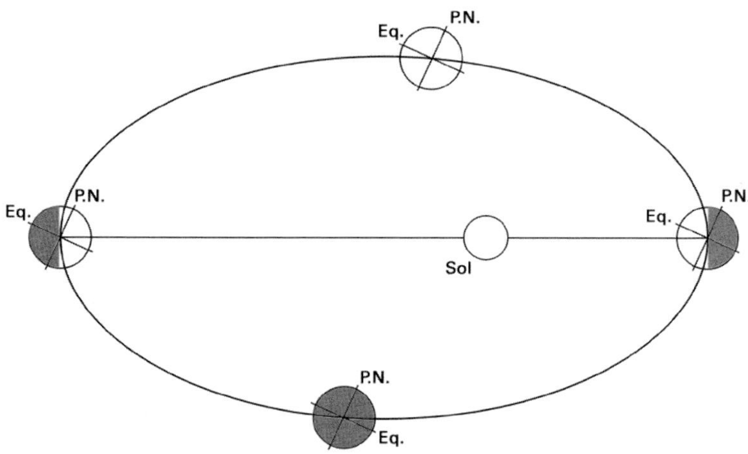

Fig. 6. La órbita de la Tierra es la elipse por la que se mueve alrededor del Sol. Vemos que el eje de la Tierra no es vertical al plano de la órbita, llamado plano de la eclíptica, sino inclinado. En cierta época el polo norte está iluminado, mientras que en otra es el polo sur. En las intermedias están ambos iluminados a la vez. Se trata de las cuatro estaciones, que como se ve no coinciden ni pueden coincidir en el hemisferio norte y en el hemisferio sur.

También importa añadir que el plano que contiene al Sol y a la Tierra no es el mismo que el plano del ecuador terrestre. Entre ellos existe un ángulo ε, que se llama oblicuidad. Eso quiere decir que la Tierra gira oblicuamente a dicho plano, presentando hacia el Sol unas veces el Polo Norte y a los seis meses, el Polo Sur. Esta inclinación del eje de giro, que es de aproximadamente 23° 27' es la responsable de las estaciones, porque en ciertas épocas el Polo Norte de la Tierra está continuamente iluminado, mientras que el sur no lo está. En otras, sucede al contrario, y en las intermedias están ambos polos iluminados por un sol que en los polos aparece rasante en el horizonte, siendo amanecer para uno y anochecer para el otro. Además cada hemisferio recibe distintas horas de sol a lo largo del año, y en consecuencia hay noches largas y días cortos en uno de los hemisferios, y lógicamente es invierno, mientras que en el otro, que estará en verano, sucede lo contrario

Por otro lado si señalamos en la órbita los puntos en que se halla la Tierra al encontrarse en los equinoccios, llamaremos nodos a dichos puntos y línea de los nodos a la que los une. De hecho esta línea es la de corte de los dos planos de que antes hemos hablado, el del ecuador y el de la eclíptica. También aquí tardará seis meses la Tierra en pasar de uno a otro y un año en hacer el recorrido completo. Podemos señalar cualquier otro punto en referencia por ejemplo a una estrella, y definir el año como el tiempo que tarda en dar la vuelta hasta volver a alcanzar el mismo punto.

LA PRECESIÓN DE LOS EQUINOCCIOS

Así las cosas parecen relativamente sencillas, pero resulta que los puntos nodales no son fijos, porque la línea de los nodos se mueve de tal manera que, a la larga, da una vuelta completa, en un movimiento que ya descubrió Hiparco en el siglo II antes de nuestra Era y que se llama precesión de los equinoccios. Cuando se considera a la Tierra en su anual giro alrededor del Sol (o si queremos, el anual giro del sol respecto a la tierra), sabemos que el Sol (o la tierra) ocupa uno de los focos de la elipse, con lo cual quedan también definidos los vértices de la elipse como los puntos más cercano (perihelio o perigeo) y el más lejano (afelio o apogeo). En la órbita hay un punto importante que es el punto vernal, que es aquél en que se encuentra el sol cuando su declinación es nula, es decir cuando se encuentra en el ecuador celestial. Se le llama punto vernal o Aries, aun cuando debido precisamente a la precesión el punto vernal no se encuentra hoy en dicha constelación, sino en la de Pisces. El punto opuesto es el de Libra y ambos puntos definen los equinoccios. La línea que los une es la línea de los nodos, y la perpendicular a ésta define prácticamente la posición del sol en los solsticios. Esas líneas se mueven de forma que en unos 26.000 años el punto vernal realiza un giro completo.

Esta es la célebre precesión de los equinoccios, y es de tal manera que si la tierra vista desde el polo de la órbita se mueve en sentido antihorario, es decir al revés que las agujas del reloj, el movimiento de precesión se realiza en sentido horario, por lo que la tierra alcanza el nodo un poco antes de lo previsto. Al año asociado con este movimiento se le llama año trópico y es el que da la norma para la elaboración de casi todos los calendarios, porque nos indica el comienzo de la primavera.

Por otro lado la línea de los ápsides, que como hemos dicho une el perihelio con el afelio, precesa en sentido antihorario dando también una vuelta en unos 120.000 años. De forma que el año asociado a este movimiento y que se llama año anomalístico es un poco más largo de lo normal, pues tarda algo más la tierra en volver a estar en este punto (el perihelio) que el tiempo que tarda en alcanzar el punto de la órbita en que el perihelio se encontraba el año anterior. Entendemos como normal el año definido respecto a una estrella fija, que por eso lleva el nombre de sidéreo. Así que podemos decir que el año anomalístico es más largo que el año sidéreo, mientras que el año trópico es ligeramente menor[8].

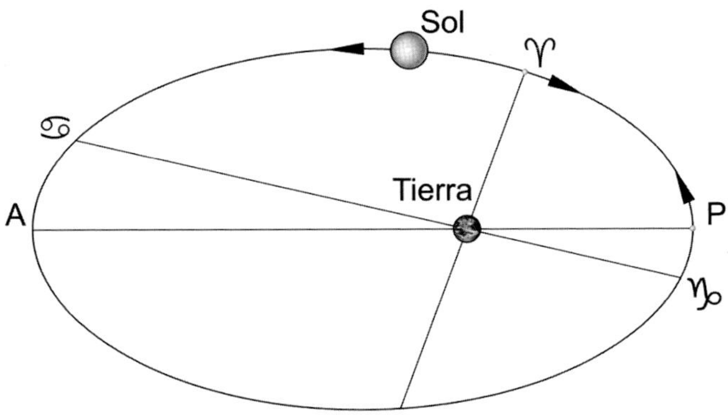

Fig. 7. Hemos representado el giro anual del sol respecto a la tierra, y sabemos que ésta ocupa uno de los focos de la elipse. Definidos los vértices de la elipse como los puntos más cercano y más lejano a la tierra, la línea que los une es la línea de los ápsides. También se representa la línea de los nodos. Ambas precesan. La precesión de los ápsides, más lenta y en sentido antihorario, no tiene nombre especial. La de los nodos, en sentido horario, es la célebre precesión de los equinoccios.

Por su parte el movimiento aparente de la luna también puede definirse de modo parecido, aunque será refiriéndonos a sus propios parámetros, y habrá por tanto mes sidéreo, mes trópico y mes anomalístico. Pero en el caso de la luna también podremos referirnos a los puntos nodales de su propia órbita y el mes será draconítico, por ser los puntos en que está la luna cuando se producen los eclipses y donde las antiguas

[8] La duración media de estos años es: Año anomalístico: 365,2596 días; Año sidéreo: 365,2564 días; Año trópico: 365,2422 días.

leyendas ponían un dragón que se encargaba de devorar al sol o a la luna en tan señaladas efemérides. También en la órbita de la luna existe una línea de los nodos que está determinada por el corte entre la órbita de la Tierra y la de la Luna, que están inclinadas entre sí unos 5°, así que cada vez que la luna alcanza uno de sus nodos pasa de un lado de la eclíptica al otro, y por eso los astrónomos llaman a uno de los nodos ascendente mientras que al otro lo llaman descendente. Sin embargo ya hemos dicho que el mes más aparente para nosotros es el definido por la sucesión de las fases, que se llama sinódico y que es el más largo de todos ellos, pues dura más de 29 días y medio[9].

En astronomía se llama periodo sinódico al tiempo que tarda cualquier astro errante en volver a reunirse con otro que suele ser el sol y es por tanto el tiempo que transcurre desde una fecha determinada hasta aquélla en que vuelve a tener otra vez la misma posición relativa. Al periodo de las fases se le llama sinódico porque la luna nueva está en conjunción con el sol en la bóveda celeste, saliendo y poniéndose ambos al mismo tiempo. En consecuencia la luna llena está siempre en oposición al sol en la bóveda celeste, es decir que sale por oriente al mismo tiempo que el sol desaparece por el poniente. Por eso mismo los eclipses sólo pueden tener lugar en luna nueva, si se trata de eclipse solar, o en luna llena si se trata de eclipse lunar, porque en un caso es la Luna la que se interpone entre el Sol y la Tierra y en el otro es la Tierra la que oculta a la Luna. Pero para que haya eclipse es necesaria la conjunción de ambos fenómenos, por un lado que sea luna nueva o llena, y por otro que en ese momento la luna está en uno de los nodos, ya sea el ascendente o el descendente. Es decir que para que se produzca un eclipse es preciso, como se nos decía en la escuela, que los tres cuerpos estén en el mismo plano y en línea recta.

[9] Los meses a su vez son: Mes draconítico: 27,2122 días; Mes sidéreo: 27,3217 días; Mes anomalístico: 27,5546 días y Mes sinódico: 29,5306 días.

LA MEDIDA DEL MES Y DEL AÑO: EL CALENDARIO

Una vez conocidos los movimientos del sol y de la luna estamos en condiciones de analizar los calendarios, que señalarán el paso de los días, los cuales reunidos en unidades mayores serán los meses si predomina la consideración de la luna sobre el sol, o el año simple si predomina éste sobre aquélla. Tendremos de este modo calendarios lunares o solares. Es evidente que si se tienen en cuenta ambas cosas a la vez entraremos en la consideración de calendarios lunisolares.

Podemos por tanto definir al calendario como la medida ordenada de los días en ciclos mensuales o anuales, pero con un componente humano que podía provenir tanto de la autoridad civil como de la religiosa. Ahora nos toca ver calendarios concretos de los cuales hay varios centenares, pero nos restringiremos sencillamente a aquellos que por proximidad o por un interés especial pueden ser más relevantes. No se nos oculta que ello es subjetivo, por lo que quienes estén interesados en algún otro calendario puede consultar la abundante bibliografía sobre el tema.

CALENDARIOS MEDITERRÁNEOS

Para realizar un ligero recorrido por diferentes calendarios comenzaremos con los de la cultura mediterránea por ser la más próxima a nosotros, a nuestra mentalidad, heredera de la cultura griega y de la romana. De manera que nos será más fácil entender nuestro calendario si antes hemos visto éstos otros. Pero es conveniente que tengamos en cuenta que la cultura griega estuvo influenciada por el mundo caldeo a través de los egipcios. Es por esto por lo que preferimos empezar por el calendario egipcio sin que sea preciso entrar a fondo en los calendarios asiriobabilónicos para entenderlo bien.

CALENDARIO EGIPCIO

Todos sabemos que la vida en el antiguo Egipto estaba totalmente determinada por las anuales crecidas del Nilo, que daban a las tierras ribereñas su fertilidad. Por eso no nos extrañamos de que los egipcios tuvieran un calendario en que se reflejase esta periodicidad. Quizá por un posible influjo de los antiguos babilonios, el año comenzaría teniendo 360 días, como sugiere la división del círculo y la numeración sexagesimal que utilizaban caldeos y babilonios. Sin embargo hay certeza de que ya en época remota habían añadido cinco días embolísmicos[10] de manera que el año egipcio tenía oficialmente 365 días. Pero además los egipcios, en su observación del cielo, y debido a su latitud tenían en cuenta la conspicua aparición en la bóveda de la estrella Sirio, el α del Can Mayor, es decir la estrella de 1ª magnitud de la constelación de dicho nombre, que como nos dicen los astrónomos es, al menos hoy, la estrella más brillante de todas las que aparecen en la bóveda.

Debemos decir que en astronomía se distingue entre brillo y luminosidad de las estrellas. Luminosidad es una magnitud que se refiere al estado de la estrella y a la energía que emite, independientemente de nuestra observación, mientras que brillo está relacionado con la energía luminosa que recibimos y vemos. Desde luego Sirio no es la estrella más luminosa que se conoce, sino la de mayor brillo. Por otro lado, Sirio es una estrella doble, y ya Bessel, el gran astrónomo y matemático, nos habló de dos estrellas, Sirio A y Sirio B, de las cuales la A es visible y de gran brillo y la B parece que es una enana blanca.

Haremos un inciso para indicar que nuestro sistema solar es un sistema planetario de una sola estrella central. Pero existen sistemas que constan al menos de dos estrellas unidas entre sí por efectos gravitatorios, de manera que una de ellas gira alrededor de la otra, o en algún caso, ambas giran sobre un punto exterior, dependiendo de la masa relativa de ambas. Si en tal sistema hay planetas, desde ellos se podría observar el orto y ocaso de ambos soles en distintos momentos. Muchísimas de las estrellas que vemos a simple vista son estrellas dobles, aunque el ojo humano no sea capaz de distinguirlas, pero también existen sistemas triples o superiores, si bien en menor abundancia que las estrellas dobles. En cuanto a las enanas blancas parecen ser estadios evolutivos finales de

---

[10] También llamados intercalares. Embolismo significa eso mismo en griego y en latín, aunque en griego suelen llamarse epagómenos a los días añadidos.

estrellas como nuestro sol, pequeñas como su nombre indica pero de enorme densidad.

De ambas estrellas Sirio no somos nosotros capaces de distinguir una de otra a simple vista, pero lo que Bessel observó fue un cierto movimiento irregular de Sirio A, que sugería que ambas existían. Algunos autores suponen que en la prehistoria ambas estrellas eran visibles y brillantes. En un ciclo de unos 50 años, la magnitud o brillo del doblete variaba, con un espectacular máximo que explicaría las fiestas en honor de Sirio de algunos pueblos primitivos, que sólo tienen lugar cada 50 años.

El Can Mayor, constelación en que se encuentra la estrella Sirio, se desplaza en la bóveda celeste respecto al sol a lo largo del año como todas las constelaciones, con lo cual la posición relativa, que medida angularmente llamamos elongación, de Sirio y el sol puede variar de 0° a 360° en longitud o en ascensión recta. Tengamos en cuenta que la longitud es una de las dos coordenadas que se utilizan en el sistema de coordenadas eclípticas, que son las que describen la bóveda cuando se toma como plano de referencia el de la eclíptica. La ascensión recta es la similar a aquélla en coordenadas ecuatoriales, es decir referidas al plano del ecuador celeste. Ambas toman su origen en el punto nodal Aries, que es el punto de la bóveda en que se encuentra el sol en el momento en que empieza la primavera. Precisamente el verano comienza cuando el sol llega al punto de longitud 90°, el otoño en el de 180° y el invierno en los 270°.

Al cabo del año hay un día en que la aparición del sol por el horizonte va acompañada de la de Sirio (aunque se sabe más por deducción que por observación directa), o dicho de otra manera ambos amanecen a la vez. Cuando un astro sale a la vez que el sol, es un fenómeno al que se le llama con el complicado nombre de orto heliaco. Por otro lado Sirio en griego es Sotis, y por ello se dice que el calendario egipcio está fundado en el ciclo sótico o sotiaco. El hecho de que el sol alcance otra vez a la constelación del Can Mayor se realiza en un periodo que hemos llamado año sidéreo, ligeramente mayor, como se ha dicho, que el que establece el flujo de las estaciones o año trópico. Los egipcios se encontraron con un ciclo sidéreo referido a Sirio, y por otro lado con un periodo de repetición de las inundaciones, que como estaban determinadas por las lluvias primaverales en la región de las fuentes del Nilo, producía dichas inundaciones a comienzos de verano. Este último ciclo era naturalmente un año trópico, cercano a los 365,25 días, pero sin embargo el calendario egipcio quedó establecido desde los primeros faraones como de 365 días al año, y por tanto, aunque dividido en doce meses, no es un calendario lunar sino más bien solar y sótico.

La casualidad hizo que tal aparición de Sirio en su orto heliaco fuese, en una cierta época, no sólo a principios del verano, es decir hacia el solsticio de verano, fecha muy próxima a las inundaciones del Nilo, sino también a principios del año civil. En un año de 365 días el siguiente orto heliaco de Sirio no tendría lugar al cabo de un año exacto, sino que aproximadamente se iría retrasando un día cada cuatro años, de manera que las inundaciones y el orto heliaco iban desfasándose un poco cada año. Este desfase se corregía al cabo de un periodo de 1460 años, que constituía el ciclo sótico, al cabo del cual el orto heliaco de Sirio volvía a tener lugar en la misma fecha de partida.

Ello había llevado a los astrónomos egipcios, para evitar un desfase exagerado entre el orto heliaco de Sirio y las inundaciones del Nilo, a determinar y corregir el ciclo solar, o año, pasando de 360 a 365 días, es decir añadiendo cinco días embolísmicos o epagómenos, dedicados a los principales dioses. Sin embargo se respetó el desfase restante dejando así espacio a celebraciones populares cuando se cumplía un ciclo sótico de 1460 años. El astrónomo Sosígenes, con más refinamiento, sostenía en tiempos de Cleopatra que era más exacto decir que el año tenía 365,25 días solares. Pero los egipcios prefirieron su tradicional forma de calendario. Sin embargo la idea de Sosígenes influyó en Julio César para fijar el calendario romano de 365,25 días, con el establecimiento de los años bisiestos para compensar esa diferencia de un cuarto de día.

Los egipcios dividieron el año también en doce meses, pero sin conexión directa con las lunaciones[11], pues, como hemos dicho, más que al lunar dieron importancia al ciclo solar que, al fin y al cabo, era el que reflejaban las inundaciones del Nilo, fraccionando el año en tres estaciones fundamentales: La de las inundaciones, la de la siembra y la del crecimiento o las cosechas. En consecuencia, insistimos en que el calendario egipcio, al fijarse sobre todo en este comportamiento anual, es típicamente solar. Y sólo nos queda decir que el principio de año que en los tiempos de la instauración del calendario era próximo al solsticio de verano, con los ajustes posteriores, es decir cuando ya muy tardíamente se admitió un año de 365,25 días, se trasladó a finales de agosto del calendario juliano. Y ello se refleja hoy en el calendario copto, heredero de la tradición egipcia, en el que el año empieza nuestro 29 de agosto.

CALENDARIO GRIEGO

En principio el calendario griego fue lunar con meses semejantes a las lunaciones, es decir se consideraban periodos que comenzaban con la luna nueva, o neomenia, cuya duración era prácticamente de treinta días, y se nombraban con doce nombres que se repetían indefinidamente. Pero, más tarde, cuando se quiso que el ciclo de lunaciones coincidiese con el año solar, o de transcurso de las estaciones, no bastaban los doce meses

---

[11] Lunación, o Luna en lenguaje coloquial, es el ciclo de las fases. Por tanto lunación es lo mismo que mes sinódico.

del calendario lunar, sino que había que añadir uno más de vez en cuando para compaginar el ciclo lunar con el solar. Este mes epagómenos o embolísmico se intercalaba cada dos años en tiempos de Solón, es decir hacia el 600 a. C., con lo cual el resultado era un año excesivamente largo, con una media de 369 días. En consecuencia, un siglo más tarde se corrigió introduciendo un mes embolísmico cada tres años. El año resultó entonces un poco corto. Fue más tarde, en tiempos de Herodoto, hacia el 445 a. C., cuando se estableció un ciclo de ocho años en el que había tres años con mes añadido. Este era el ciclo que se llamó de las octoéridas u octoetéridas. Los meses embolísmicos se añadieron el 3º, 5º y 8º años del ciclo. Con ello se evitaba que la diferencia entre lo que señalaba el ciclo lunar y el solar fuese mayor de 15 días, y el año solar quedaba muy ajustado al valor del año trópico que hoy conocemos. El problema que subsistió, sin embargo, es que el ciclo lunar se quedó con esta reforma un poco corto en promedio. A la larga, la luna no seguía exactamente el ciclo de los meses, y ya sabemos que ello significa que la luna nueva no tiene lugar, astronómicamente, en la fecha oficial del principio de mes.

El mes lo dividían en tres décadas de las cuales las dos primeras se numeraban del 1 al 10, mientras que la última se numeraba del 10 al 1. De forma que en los meses de 30 días el 1 se repetía al final del mes y al principio del siguiente, pero en los de 29, sólo se contabilizaba una vez. Ello daba ocasión a situaciones confusas ridiculizadas por Aristófanes en *Las Nubes*.

Este calendario que hemos descrito tuvo sus ligeras variaciones dentro del Peloponeso, pues todos sabemos de la independencia entre ellas de las ciudades griegas, pero en esencia todos siguieron las pautas resumidas más arriba. Es cierto que donde no hubo unanimidad fue en la nomenclatura de los meses, pues cada ciudad importante siguió una distinta. Como anécdota añadiremos que los griegos no llamaron Kalendas al primer día del mes, como veremos que hicieron los romanos. Por eso era un dicho conocido en la antigüedad decir que algún suceso había tenido lugar en las Kalendas griegas para significar que tal acontecimiento no había sucedido nunca, y si se dejaba una labor «ad Kalendas graecas» había de entenderse que no se tenía la menor intención de hacer dicho trabajo.

CALENDARIO ROMANO

La mayoría de los calendarios de nuestro ambiente cultural son lunisolares. Con lo que queremos decir que se tienen en cuenta a la vez, como varias veces se ha señalado, el ciclo lunar o de las fases y el ciclo solar o de las estaciones. El calendario romano empezó con seguridad siendo lunar, aunque no sabemos si lo fue por influencia griega. Lo cierto es que a Rómulo se refiere la leyenda cuando se habla de la primera división en meses del calendario de Roma. Y aunque el ciclo lunar es aproximadamente de 29 días y medio, los meses eran alternativamente de 30 y 31 días. Como la numeración romana tiene una base decimal, el número de meses era diez, de los cuales los de Martius, Maius, Quintilis y October tenían 31 días y los otros sólo 30. Así podemos ver que este año primitivo romano contaba sólo con 304 días.

El mes empezaba por el día de las Kalendas, que en origen coincidiría con la luna nueva, y aproximadamente en el cuarto creciente se colocaban las Nonas y en la luna llena los Idus. Quizás aquí se empieza a notar el sentido práctico de los romanos, porque esta división no refleja una precisión científica ni mucho menos. Las Nonas eran para ellos el 5º día del mes, excepto en los cuatro meses de 31 días, en que se colocaban en el 7º. Y los Idus eran el 13º, excepto que cambiaban al 15º en esos cuatro meses. Las fechas venían dadas por el número de días que faltaban para la próxima celebración. Así XV Kalendas Decembris significaba que faltaban 15 días, en su manera inclusiva de contar, para el día primero de ese mes. Para nosotros esta fecha sería el 17 de noviembre[12].

Numa Pompilio se vio obligado a ampliar el año, porque el ciclo de las estaciones se descompasaba apreciablemente cada año del calendario oficial. Decidió añadir dos meses antes de Martius, a saber Januarius y Februarius, siendo el primero de 31 días y el segundo de sólo 29, pero en los que las Idus y las Nonas tendrían lugar en los habituales 5º y 13º días del mes. El primero de esos meses estaba dedicado al dios Jano, que aparte de su condición de portero tenía dos caras, una para mirar al futuro y otra al pasado, mientras que Februarius era el mes de las purgaciones o de la purificación[13]. Con ese añadido el año tendría 364 días, que quedaba todavía un poco corto frente al año trópico, que como ya debemos saber es el que hay que tener en cuenta cuando se trata de calendarios.

No está claro si Numa Pompilio añadió los dos meses de forma que el año tuviese en principio 354 días, que como veremos es un año lunar, y si luego hubo una corrección, pero ello es irrelevante para lo que estamos contando, porque queremos insistir sobre todo en que en la antigua Roma no hubo un calendario aceptable hasta Julio César, entre otras cosas porque en épocas consulares se añadían meses intercalares cuando los jerarcas se veían en la necesidad de cobrar más impuestos.

Por influencia egipcia sin duda, Julio César se determinó a acomodar el calendario al ciclo solar, y para ello, y asesorado por el astrónomo de

---

[12] En nuestra manera exclusiva de contar, desde el 17 al 30 de noviembre transcurren sólo trece días y catorce para el día primero del mes de diciembre. Para los romanos son quince hasta principios de ese mes.

[13] La Iglesia católica celebra igualmente en este mes la fiesta de la Purificación de la Virgen, llamada también de las Candelas.

Egipto Sosígenes, decidió que hubiese años comunes de 365 días, y cada cuatro años añadir un día extra después del VI Kalendas Martii (nuestro 24 de febrero) de forma que en esos años hubiese un día «bis VI», años que en castellano calificamos de bisiestos. Con ello el ciclo solar de 365,25 días quedaba perfectamente reflejado en el calendario. La reforma tuvo lugar el año 46 a. C. que Julio César quería que fuese «ultimus annus confusionis» para terminar con la ambigüedad pasada y para que en adelante se llevase una cuenta de los años lo más ajustada posible al año trópico, determinado por Sosígenes. Este año de reforma debía tener noventa días más que un año corriente para corregir antiguos desajustes y conseguir acomodarse lo más posible a los años astronómicos, pero precisamente por ese añadido inhabitual sus enemigos llamaron, a este año 46, simplemente «annus confusionis».

Ya en vida de Julio César el mes Quintilis pasó en su honor a ser el mes Julius, pero por lo demás quedó prácticamente establecido su célebre calendario. Es cierto que hubo al principio algunos desarreglos en el cómputo de los bisiestos, pero el calendario romano, juliano en adelante, quedó fijado definitivamente por Augusto, llamando Augustus al mes Sextilis y adjudicándole 31 días, para que no se diferenciase de Julius, lo que obligó a reajustes en la serie 30-31 días de los meses, y a sacrificar a Februarius, mes corto por excelencia, al que se restó un día más, quedando por fin los meses tal como hoy los conocemos y contamos, aunque se mantuviese el orden y el nombre de los días que hemos explicado.

Los romanos no tuvieron semana de siete días en sus épocas primitivas. Es cierto que los días de mercado se tenían cada ocho días, siendo días festivos. Por su manera inclusiva de contar, ellos llamaron nundinas a esos periodos de tiempo, que etimológicamente tienen que ver con el nueve. La «Septimana» o «Hebdomada» se conocía en Roma en época de Augusto, y de los romanos proviene no sólo el nombre que usamos, la semana, sino también el de los días de la misma, como veremos en seguida. De su forma inclusiva de contar nos queda la costumbre de hablar de octavas, y de sucesos que tienen lugar a los ocho días, cuando en realidad sólo ha transcurrido una semana.

	Januarius Augustus December	Februarius	Aprilis Junius September November	Martius Maius Julius October
1	Kalendas	Kalendas	Kalendas	Kalendas
2	IV	IV	IV	VI
3	III	III	III	V
4	II	II	II	IV
5	Nonas	Nonas	Nonas	III
6	VIII	VIII	VIII	II
7	VII	VII	VII	Nonas
8	VI	VI	VI	VIII
9	V	V	V	VII
10	IV	IV	IV	VI
11	III	III	III	V
12	II	II	II	IV
13	Idus	Idus	Idus	III
14	XIX	XVI	XVIII	II
15	XVIII	XV	XVII	Idus
16	XVII	XIV	XVI	XVII
17	XVI	XIII	XV	XVI
18	XV	XII	XIV	XV
19	XIV	XI	XIII	XIV
20	XIII	X	XII	XIII
21	XII	IX	XI	XII
22	XI	VIII	X	XI
23	X	VII	IX	X
24	IX	VI	VIII	IX
25	VIII	V	VII	VIII
26	VII	IV	VI	VII
27	VI	III	V	VI
28	V	II	IV	V
29	IV		III	IV
30	III		II	III
31	II			II

Meses y días del calendario romano

NUESTRO CALENDARIO

En la vida civil y en la religiosa de nuestro mundo occidental, herencia de los romanos, se mantiene en principio el calendario juliano (con la última reforma de Augusto) tanto en la sucesión como en el nombre de los meses, añadiendo la semana, que parece de clara procedencia judaica, donde las celebraciones del Sabath se han sustituido por las del Día del Señor, «Dies dominica», que es nuestro domingo. Aunque sería mejor decir que la semana puede tener origen caldeo, y de los caldeos lo tomaron tanto los hebreos, que hicieron coincidir los siete días con el relato bíblico de la Creación, como los egipcios, que lo trasmitieron a su vez tardíamente a los romanos.

Problema distinto es la denominación de cada uno de los días, pues para ello se tiene en cuenta la influencia planetaria de modo que cada día de la semana está dedicado, en sentido amplio, a un planeta y así lunes es el día de la Luna, martes de Marte, miércoles de Mercurio, jueves de Júpiter y viernes de Venus. El día dedicado a Saturno, se convirtió en sábado, nombre tomado de los judíos, aunque para los cristianos no tuviese carácter festivo, y el día dedicado antiguamente al Sol, como se refleja en algunos idiomas (Sunday, Sonntag, ...), es hoy el día del Señor.

La Iglesia tuvo siempre interés en desterrar esta calificación pagana, y de hecho en los Oficios divinos se utiliza la nomenclatura de Feria 2ª para el lunes, y así sucesivamente hasta la Feria 6ª para el viernes. Al intentar introducirla en el mundo civil sólo lo consiguió parcialmente en ciertas zonas, por ejemplo Galicia, donde se ha utilizado en otros tiempos, y Portugal donde todavía se utiliza.

Por otro lado la cronología, como hemos visto, se regía por diferentes eras, con lo que no se tenía uniformidad en el mundo cristiano. En el mundo más directamente influido por Roma se contabilizaba o bien desde la fundación de Roma, o a partir de Diocleciano, como también se dijo antes. En la época del final de la Edad Antigua, se fue introduciendo el cambio de cronología sugerido por Dionisio el Exiguo, que vivió a mediados del s. VI, quien creyó conveniente pasar de la Era de Diocleciano, a una Era cristiana que habría de iniciarse en el nacimiento de Cristo, nacimiento que, ya a partir de San Gregorio Nacianceno se venía celebrando el 25 de diciembre, y que Dionisio supuso haber sucedido precisamente el 25 de diciembre anterior al 1º de enero del 754 a. U. c. («ab Urbe condita», o desde la fundación de Roma). Este 1º de enero sería el inicio del primer año de la Era cristiana.

Beda el Venerable, de quien ya hablamos antes, critica en el siglo VII el cómputo introducido por Dionisio el Exiguo, ya que la supuesta data del nacimiento de Cristo no era compatible con la fecha de la muerte de Herodes, culpable de la muerte de los Inocentes. Tener esta fecha en cuenta exigía, paradójicamente, colocar el nacimiento de Cristo al menos cuatro años «antes de Cristo». Sin embargo Beda, a pesar de este inconveniente, acepta y utiliza la Era cristiana en su magnífico *De temporum ratione*.

Esta manera de computar el tiempo se fue implantando lentamente en el mundo occidental, aunque tuviese una aceptación más tardía en Castilla, por el hecho de que en ella, como también en Aragón y Cataluña, se regían por la Era hispánica, que había comenzado con Augusto 38 años antes de Cristo, es decir el 1º de enero del año 716 a. U. c. Se sabe que Cataluña admitió la Era cristiana en 1180, es decir en el siglo XII, mientras que en Aragón y Castilla se hizo en el siglo XIV, y en concreto en 1350 y 1383 respectivamente. Los medievalistas tienen muy en cuenta la Era hispánica, o simplemente Era, para el ajuste de las cronologías, pero el común de los mortales que no tiene facilidad de manejo de códices antiguos, o de acceso a los mismos, puede sin embargo comprobar la existencia de ambas cronologías en la Catedral de Santiago de Compostela, pues cerca del Pórtico de la Gloria, hay un sepulcro en el suelo en el que se indican a la vez la Era (hispánica) y el año del Señor (Era cristiana).

OBIIT D. RODERICUS

ERA MCCCCXX

ANNO DNI. MCCCLXXXII

Fig. 8ª Este dibujo reproduce una inscripción funeraria. Se trata de la losa sepulcral de una sepultura que se encuentra en la Catedral de Santiago, en el suelo, justo detrás del Pórtico de la Gloria. En ella se puede ver la diferencia entre el año de la Era Hispánica (1420) y el de la Era Cristiana (1382). Ya sabemos que esa diferencia era de 38 años, como podemos comprobar restando esos dos números.

Sin embargo, utilizar una u otra Era no afecta sustancialmente al problema que el calendario religioso cristiano viene arrastrando desde el Concilio de Nicea, pues aunque se empezase a datar de manera distinta, siempre sería preciso mantener el espíritu y la letra de las disposiciones de Nicea en la determinación de la celebración de la Pascua, o de la Resurrección del Señor.

Así que en la época de Beda, final de la Edad Antigua, el calendario en uso es el calendario juliano. Con un año trópico de 365,25 días. Con doce meses determinados ya, en sus nombres y duración, por Augusto. Con las semanas y días de la semana que hoy seguimos teniendo. Con un domingo, día de descanso, y con una Pascua a celebrar en domingo.

En este calendario cristiano hubo desde el principio algunas variantes, y debe recordarse que el comienzo del año no siempre se celebró en todo el mundo cristiano en el primer día de enero, pues algunos países decidieron que el año comenzase el 25 de diciembre con la Natividad de Cristo. Mientras que en otros se tuvo como comienzo del año la fecha del 25 de marzo, fiesta de la Anunciación o de la Encarnación. Nótese también incidentalmente el influjo de la proximidad del equinoccio o del solsticio en la determinación de dichas fiestas, que ya antes del cristianismo habían sido fechas de festividad pagana.

Otros se decantaron por celebrar el inicio del año al modo romano, es decir el 1º de enero, fiesta cristiana de la Circuncisión. Como es lógico todas estas variantes habrán de tenerse en cuenta a la hora de compaginar los eventos, que en unos documentos figuran como habiendo tenido lugar en un cierto año y en otros en uno anterior o posterior. La unificación completa no tuvo lugar sino mucho después de haberse hecho la reforma gregoriana del calendario, aunque esta unanimidad casi universal del calendario es más bien oficial y para usos civiles. De hecho la Iglesia Ortodoxa no admite para la celebración de sus fiestas el calendario gregoriano. Los calendarios islámico y hebreo, tan distintos al nuestro y que luego veremos, rigen sobre todo la vida religiosa, porque en el contacto de los diferentes países con el mundo civil de los demás países es imprescindible conocer la fecha oficial gregoriana por la que se rige nuestra civilización occidental y, en general, todo el mundo.

La fecha de la Pascua

La fecha de la Pascua de Resurrección, con la exigencia desde Nicea de caer siempre en domingo y después del 21 de marzo, se convirtió en el calendario en una fiesta móvil o movible, es decir de fecha variable, pues no es posible conservar a la vez la fecha y el día de la semana. Pero en las celebraciones litúrgicas hay varias fiestas que están rigurosamente unidas a la Pascua, de modo que si ella no cae todos los años en la misma fecha de nuestro calendario, sucede lo mismo con otras fiestas. Así el Miércoles de Ceniza, que es el comienzo de la Cuaresma o preparación litúrgica de la Semana Santa, se ha de celebrar siete semanas antes. Con ello se tendrá una duración de la Cuaresma que por voluntad de la Iglesia fue de cuarenta días, para conmemorar de este modo el ayuno de cuarenta días de Jesús en el desierto. Es cierto que los días exactos desde el Miércoles de Ceniza hasta el día de Resurrección son cuarenta y siete, pero días feriados, es decir que no sean domingos en los que no había obligación eclesiástica de ayunar, son en efecto exactamente cuarenta[14]. La Semana Santa, que comienza el Domingo de Ramos, es aquella semana en que se celebran los últimos días de la vida de Jesús y que, después de las celebraciones del Jueves y Viernes Santos, termina en el domingo de Pascua. Esas fiestas son fáciles por tanto de conocer si se sabe la fecha de ésta última, que es la que aparece generalmente en las Efemérides.

El día de la Pascua cristiana los cristianos celebran, como hemos dicho, la Resurrección del Señor. Desde el domingo de Resurrección hasta la Ascensión transcurrirán, conforme al relato de las Escrituras, cuarenta días naturales, domingos incluidos, y Pentecostés sería diez días después, es decir pasados cincuenta días. Por eso la Ascensión, fiesta movible, se celebró siempre en jueves, conforme al refrán español[15], mientras que la venida del Espíritu Santo, nuestra fiesta de Pentecostés, se celebraba y celebra, hoy también, en domingo. Las fiestas del Corpus Christi y la del Sagrado Corazón, ésta más moderna, también resultaron movibles. Sin embargo las fiestas de la Encarnación, Navidad, Circuncisión y Epifanía se celebraron siempre en días fijos, bien conocidos por todos.

Hay que hacer notar aquí otra diferencia del calendario cristiano con el romano, y es que en tiempos de Carlomagno, se empiezan ya a contar los días de cada mes desde el 1 al 30 ó 31, tal como hacemos hoy, en lugar de utilizar la complicada cuenta romana. Ello no significa que se hubiesen ya introducido los dígitos arábigos, porque podemos ver en los escritos de Beda cómo se conserva la numeración romana con todos sus inconvenientes[16], aunque no se pueda descartar a Beda como introductor de la nueva manera de cómputo. Pero contar los días al modo moderno no se impuso tan fácilmente en el mundo cristiano. Hay autores que señalan, y nos parece que con razón, que hasta muy recientemente las fechas estaban enormemente relacionadas con el santoral, de modo que se hablaba más de la fiesta de San José o de Santa Teresa que de los días concretos (19 de marzo ó 15 de octubre) en que sus festividades se celebran. Aún hoy tenemos, al menos en España, reminiscencias de esta

---

[14] Día de feria es equivalente a día de mercado. El hecho de que hoy muchas ferias se celebren en domingo no invalida la denominación, que se conserva, como hemos dicho, no sólo en el «Ordo liturgicus» sino también en Portugal, y algunas zonas de Galicia.

[15] El refrán dice: "Tres jueves hay en el año que relumbran más que el sol, Jueves Santo, Corpus Christi y el día de la Ascensión". Hoy, esta fiesta de la Ascensión la celebra la Iglesia al domingo siguiente, y por tanto en el domingo anterior a Pentecostés.

[16] No es el menor la dificultad de encontrar un algoritmo que sirva no sólo para la multiplicación y la división, sino incluso para la simple suma.

forma de tener en cuenta los días del calendario, sobre todo para festividades muy señaladas y populares, como son las de San Juan, en las que en realidad se está celebrando la pagana fiesta del solsticio de verano.

Por otra parte, las lunaciones no coincidían, tampoco entonces, con el transcurrir de los meses, pero se tenían en cuenta las teóricas fechas de novilunios y plenilunios, fundadas en el ciclo de Metón, con el fin de dejar bien sentada la fecha cristiana de la Pascua. Por ello, también Beda hace notar que la fecha de los novilunios prevista en las Tablas lunares al uso no coincidía siempre con la realidad, con lo que no era posible determinar con exactitud la luna llena de primavera, lo que a su vez era imprescindible para fijar la fecha de la Pascua, pues el Concilio de Nicea había determinado que, de modo parecido a la Pascua judía que se celebraba y celebra en luna llena, la fiesta de la Resurrección se celebrase el domingo siguiente a la primera luna llena posterior al comienzo oficial de la primavera, pero con la condición de que la Pascua judía, que no se celebra necesariamente en domingo, aunque no lo excluye, no coincidiese con la cristiana, y posponiendo ésta una semana más, en caso de coincidir.

La necesidad de reforma

Aunque la reforma vino más tarde, ya en la Edad Media se empezaron a elevar voces para la reforma del calendario y de las tablas lunares, inmóviles desde Dionisio el Exiguo, con la consecuencia importante para la Iglesia que consistiría en disponerse a ajustar convenientemente la fecha de la Pascua[17]. En efecto el hecho de mantener desde el 46 a. C. un año juliano de 365,25 días, un tanto mayor que el año trópico, llevaba consigo la consecuencia de que la fecha oficial del comienzo de la primavera, no era astronómicamente la fecha del equinoccio, que había tenido lugar unos días antes.

Recordemos y repitamos que el Concilio de Nicea había establecido que la Pascua cristiana, o celebración de la Resurrección del Señor, debía celebrarse en la Iglesia católica occidental de manera que si los judíos celebraban la suya tal día, la Iglesia retrasaría la celebración hasta el domingo siguiente. Para los judíos la Pascua se celebraba, y se celebra, siempre el 15 de Nisán, que en el calendario judío era el mes en que empezaba la primavera. Como una lunación tiene unos 29 días y medio, del 14 al 15 de cada mes sería siempre para ellos el día de la luna llena. En la Iglesia católica la dificultad residía en que al regirse por un calendario solar, la fiesta de la Pascua sería como hemos visto «fiesta movible», pues por una parte no tendría por qué corresponderse con la mitad de un mes, ni por

[17] Roger Bacon, el famoso escolástico franciscano, se dirigió al Papa Clemente IV en 1266 proponiendo esta reforma.

otra era tampoco posible que la luna llena coincidiese con un día concreto de la semana. Entonces, determinar con anticipación la fecha de la Pascua de cualquier año futuro exigiría casi dotes de adivino o un conocimiento muy serio de las lunaciones y del calendario solar a largo plazo. En efecto, el desarrollo de los ciclos lunares determina los novilunios y plenilunios, y del calendario solar depende qué días serán domingo y en qué fecha se realiza exactamente el comienzo de la primavera, aunque el Concilio de Nicea hubiese determinado también que el calendario se modificase oficialmente de forma que la Pascua de Resurrección no se celebrase nunca antes del undécimo día antes de las Calendas de Abril (XI Kalendas Aprilis), que es nuestro 22 de marzo[18].

El tiempo transcurrido desde un equinoccio de primavera al siguiente es lo que se llama año trópico. Si suponemos que tal año trópico es equivalente a 365,25 días, cada cuatro años habrá que establecer un día de más (el bissextilis de los romanos) cerrando así un ciclo. Por otro lado, como 365 dividido entre siete nos da de resto 1, cada año se atrasa en una unidad el día de la semana correspondiente a una fecha cualquiera (de lunes a martes, etc.), lo que no hace fácil saber, en principio, si un día concreto es o no domingo. Si no hubiese años bisiestos, cada siete años se repetiría la secuencia de los días de la semana, pero al haberlos, dicha secuencia sólo se repite cada 28 años[19], sin que por ello coincidan, al final de este ciclo, las fiestas movibles. Este ciclo de 28 años se llama ciclo solar, y cada año corriente tiene asignado un número que va de 1 a 28, y así el año 2002 tiene precisamente asignado, como número del ciclo solar, el 23.

Y si, por otro lado, fuese exacto el ciclo de Metón, 532 sería un ciclo completo en el que se repetirían no sólo los días de la semana sino también todo el artificio de la colocación de dichas fiestas. Esto es lógico porque el número 532 es el mínimo común múltiplo entre 19 y 28, y resulta de multiplicar ambos números. A efectos del calendario quiere decir que un almanaque de hace 532 años (si no hubiera habido reforma gregoriana), o el de dentro de 532, nos tendría que servir en todo caso como si del año en curso se tratase.

En este ciclo pascual de 532 años se basó Dionisio el Exiguo para fijar la Era cristiana, pues aun cuando San Cirilo había propugnado 95 años como los que habrían de transcurrir para que se repitiesen las lunaciones en determinados días del calendario solar, queriendo mejorar con ello el ciclo de 19 años de Metón, el de 532 años está más en consonancia con este último. De hecho la tradición eclesiástica mantuvo y sigue manteniendo los

---

[18] En general se suele decir que el comienzo de la primavera es el 21 de marzo, aunque astronómicamente no sea exactamente así. De todas formas entre el comienzo de la primavera y el domingo de Resurrección, tiene que haber una luna llena, al menos la oficial de las Tablas lunares.

[19] El año 2002 podríamos tener en la pared un calendario de 1974 para saber si por ejemplo el día 13 de noviembre, es miércoles.

diecinueve números áureos. Pero como el ciclo no es exacto se prefirió la publicación de nuevas Tablas lunares que, al especificar los novilunios, daban pie a conocer con exactitud la fecha de la Pascua. En efecto, si se conoce la fecha del novilunio del mes de enero, el novilunio de marzo coincide con aquél en el día del mes. Si se añaden 14 días a la fecha del novilunio se tiene la luna llena, que si cae en o después del 21 es evidente que es el primer plenilunio de primavera; por tanto el primer domingo que siga será la fecha de la Pascua.

La regularidad de las Tablas estriba en que a cada año le corresponde un determinado número áureo, y a cada número áureo una fecha de novilunio en el mes de enero (incluso puede haber años en que el novilunio de enero tenga lugar el día 1 y por tanto volverá a ocurrir el 31, y en tal caso febrero carecerá de novilunio). Por otro lado se puede fácilmente determinar en qué fechas será domingo durante todo el año, para lo cual se establecía una letra de la A a la g (de la letra primera a la séptima) para cada año[20]. Los calendarios clásicos perpetuos eran tales que al día 1º de enero se le asignaba la A, y al 2 la b, etc. El 8 de enero tendría de nuevo la A, y así se continuaba para todos los días del año. Si un año tenía como letra dominical la A, ya se sabía en qué fechas cae el domingo. Pero al año siguiente el 1º de enero será lunes y por tanto el domingo no será hasta el día 7 de ese mes. Conoceremos, en tal caso, los domingos buscando los días que llevan g, y al siguiente los que llevan f, etc. Únicamente habrá problemas en los años bisiestos, porque el salto respecto al año anterior es de un día de la semana hasta el 29 de febrero (en rigor el 24, «dia sextilis»), pero a partir de esa fecha el salto es de dos días respecto al año anterior. Es claro por tanto que a los años bisiestos es preciso asignar dos letras, una que es válida hasta el 29 de febrero y otra hasta final del año.

Si, como sucede en el año 2002, la letra dominical de un cierto año es por ejemplo la f, el día 6 de enero será domingo. En consecuencia el año 2003 tendrá como letra dominical la e y serán domingos todos los días que estén acompañados por dicha letra e en el calendario perpetuo, siendo el 5 de enero el primer domingo del año, pues es donde está colocada la primera e que encontramos. El 2000, que fue bisiesto, tuvo las letras b A, una para aplicar hasta febrero y la segunda en el resto del año.

En las Tablas lunares antiguas, anteriores a Dionisio, se determinaron las fechas de los novilunios. Ellas comenzaban por los diecinueve novilunios del mes de enero, correspondientes cada uno de ellos a un número áureo, y luego se indicaban los de los siguientes meses. Estas Tablas se mantenían fijas hasta la elaboración de nuevas Tablas en que se corrigiesen los errores que se habían ido acumulando al no ser exacto el ciclo de Metón, ni tenido en cuenta la precesión de los equinoccios. Las que

---

[20] Tradicionalmente las siete letras eran A, b, c, d, e, f, g, manteniendo la A como letra capital o mayúscula y las demás como minúsculas.

elaboró Dionisio son tales que hacen corresponder el número áureo 1 con el día 23 de enero como fecha de la luna nueva del mes, y por tanto como la primera luna nueva del año que tenga tal número áureo; después se tendrían alternativamente lunaciones de 30 y 29 días. Al año de número áureo 2 le correspondía novilunio el 12 de enero, al de 3, el 1 y el 31 de enero, etc.; y al cabo de diecinueve años se volvía a un comienzo de lunación otro 23 de enero. Con este artificio se podía determinar la fecha del inicio de las lunaciones durante todos los años que duraban esas Tablas.

Nº Áureo	1	2	3	4	5	6	7	8	9	10	11	12	13	14	15	16	17	18	19
Antiqua	20	9	28	17	6	25	14	3	22	11	30	19	8	27	16	5	24	13	2
a Dyonisio	23	12	31,1	20	9	28	17	6	25	14	3	22	11	30	19	8	27	16	5
1582 - 1700	30	19	8	27	16	5	24	13	2	21	10	29	18	7	26	15	4	23	12

Tablas lunares:

Además de la antigua y la reformada por Dionisio el Exiguo, aparece la que siguió a la Reforma gregoriana

Este pasar del día 23, novilunio de un año, al 12, y luego al 1, etc. de los siguientes años, no tiene más misterio que el de restar los once días de diferencia que hay entre el año solar común y el año lunar de 354 días. Y por otro lado, ese día 23 no está tomado arbitrariamente, sino que era el resultado de rectificar en tres unidades al número 20 de las Tablas anteriores a Dionisio. Rectificación que era preciso hacer para acercarse a la fecha de los novilunios y plenilunios astronómicos. Cuando hablemos de las Epactas se podrá ver mejor esto mismo desde otro punto de vista.

Desgraciadamente no sólo el ciclo de Metón es inexacto, pues cada tres siglos se añade el error de un día, sino que tampoco el año trópico llega a ser de 365 días y 6 horas, sino unos once minutos más corto, lo cual se traduce en que al cabo de 400 años se habrán contabilizado tres días de más. Esto llevó consigo, por un lado que el equinoccio de primavera no se celebrase en el día pertinente, y por otro que el comienzo de las lunaciones o fechas de las sucesivas lunas nuevas no coincidiesen con las verdaderas neomenias[21]. En consecuencia se podría cometer el error de considerar una luna llena como la primera de primavera sin que eso fuese cierto. Aclaremos que astronómicamente se dice que se ha llegado al equinoccio cuando el sol nos aparece como si estuviese en uno de los puntos en que, en la bóveda, se cortan los planos de la eclíptica y del ecuador celeste. Cuando en su caminar anual el sol cruza el ecuador, pasando del hemisferio sur al hemisferio norte de la bóveda celeste, estaremos en el equinoccio de primavera, y se considera que la primavera ha comenzado exactamente en dicho momento.

La reforma gregoriana

Aunque los Papas Clemente VII y Pío V quisieron acometer la reforma del calendario sugerida ya desde la Edad Media, y posteriormente incluso por el español Pedro de Ayllón, los pasos para la reforma tuvieron su impulso desde el Colegio Romano, que siguiendo los antecedentes de Aloysio Lilio (en italiano Luigi Giglio) y de Páez de Castro se concretaron en los estudios de Pedro Chacón y Baltasar de Torres. Muerto Pío V, fue Gregorio XIII quien llevó a cabo la reforma. Felipe II, que tenía un gran interés en la misma, había encargado estudios a la Universidades de Salamanca y Alcalá de Henares, y por otro lado a Juanelo Turriano, quienes contestaron con sendos informes, que en todos los casos avalaban la reforma. El problema era que al ser el año trópico prácticamente de 365,2422 días, no era fácil determinar qué días tendrían que suprimirse para que el calendario se acomodase al año trópico. Por otro lado la Iglesia quería que hubiese unas Tablas de novilunios o plenilunios suficientemente precisas e incontrovertibles para que, en adelante, quedase claro el día de la celebración de la Pascua. Como consecuencia de la reforma, los novilunios no tendrían sólo lugar en los diecinueve días del ciclo de Metón, sino que a la larga, muy a la larga, en cualquier día del año podría tener lugar un novilunio. Naturalmente hubo opiniones diversas, recordemos la de Escalígero, pero prevaleció la opinión del Colegio Romano encabezada, tras la desaparición de Pedro Chacón, por Cristóforo Clavio, el jesuita alemán que luego escribiría el libro de defensa de esta reforma, y a quien veremos luego a propósito de la Gnomónica y los relojes.

En consecuencia, y algo presionado por el monarca español, el Papa Gregorio XIII, expide la Bula «Inter gravissimas...» para llevar a cabo la Reforma, que sustancialmente consistió en quitar los días que había de más para restituir el primer día de primavera al día 21, en lugar del 11 de

[21] Recordemos que neomenia significa exactamente luna nueva.

marzo en que se observaba entonces el fenómeno astronómico, y por otro lado se pretendió conseguir que el desfase no se produjese en adelante. Por eso se determinó que al 4 de octubre de 1582 siguiese la fecha del 15 de octubre, eliminando de este modo los diez días sobrantes. Por otro lado se quitarían tres días cada cuatrocientos años, lo que se conseguiría haciendo que, aunque se mantuviesen los años bisiestos cada cuatro años, dejarían de serlo los terminados en dos ceros que no fuesen múltiplos de cuatrocientos. De modo que aunque 1600 se mantuvo como bisiesto, dejaron de serlo 1700, 1800 y 1900, y podemos decir que en 1982 se cumplió el primer ciclo de cuatrocientos años de vigencia del calendario gregoriano, y que en tal fecha se había conseguido aproximar lo más posible el calendario con la duración oficial del año trópico[22], que es claro que quedó fijado oficialmente en 365,2425 días, en lugar de los 365,25 del calendario juliano. Un año de esta duración es el llamado año gregoriano, que mejora el año juliano, pero que aún se aparta un poco del astronómico, más cercano a 365,2422 días, como ya sabemos. Se ha dejado para el futuro, según parece, la corrección pertinente de unos tres días cada diez mil años.

La Bula de la Reforma se aceptó naturalmente en España, donde Felipe II tuvo buen cuidado de que también se modificase el calendario al modo prescrito, y de la misma manera lo fue en Francia, pero no fue admitida en Inglaterra ni en los países protestantes del norte de Europa. Esta reforma se fue reconociendo poco a poco en los diferentes países, pero su aceptación completa como calendario civil no ha tenido lugar hasta el siglo XX. El mismo Felipe II fue consciente de que la Reforma necesitaba un tiempo en los territorios americanos, y por eso decidió que no se llevase a efecto hasta el siguiente año de 1583. Es muy interesante estudiar en documentos firmados por el rey, cómo Felipe II tuvo buen cuidado de dar solución a todas las dificultades que surgieron o pudieron surgir de la implantación de la reforma: Los alquileres, las letras de cambio, los salarios, todo queda afectado por la supresión de diez días en un mes concreto. También hubo de resolverse el problema de los privilegios reales para la impresión de calendarios "ad hoc" y el de garantizar una ortodoxa interpretación de la reforma[23].

---

[22] En España por circunstancias fortuitas, una el viaje del Papa Juan Pablo II, y otra la reciente celebración de elecciones, que había conseguido por primera vez en la España posterior a la muerte de Franco el triunfo de los socialistas, la celebración o al menos el recuerdo de este centenario del calendario gregoriano pasaron completamente desapercibidos. Escribimos entonces a algún periódico para recordarlo, pero ni respondieron ni por su cuenta dieron noticia del acontecimiento histórico. Es cierto que sí hubo alguna revista científica en que se habló de esto, pero la noticia no llegó al gran público. En el mundo en que vivimos lo que no sale en los medios de comunicación no existe oficialmente, y para mucha gente ni siquiera existe. Así que el cumplimiento de este importante ciclo es, para la gente en general, como si no se hubiera consumado.

[23] Cfr. el Manuscrito 18670 de la Biblioteca Nacional y los Legajos G. A. 139, y G. A. 157, del Archivo General de Simancas.

En el día 4 de octubre de 1582, fiesta de San Francisco de Asís, moría en el convento de Carmelitas Descalzas de Alba de Tormes Santa Teresa de Jesús. Como dato curioso del efecto de la reforma cabe consignar que fue enterrada al día siguiente 15 de octubre, día en el que en la actualidad celebra la Iglesia la festividad de la Santa. También es anecdótico tener en cuenta que los dos genios de la literatura del siglo XVII, Cervantes y Shakespeare, murieron en la fecha del 23 de abril de 1616, pero cada uno en una cuenta distinta, pues en España regía el calendario gregoriano, mientras que en Inglaterra regía el juliano. Así que Cervantes murió diez días antes que Shakespeare, aunque lo hiciesen en la misma fecha de diferentes calendarios. También es de todos conocido que la revolución rusa tuvo lugar en octubre, concretamente el 25 de octubre de 1917, y que al aceptar posteriormente el calendario gregoriano, se celebró, durante todo el tiempo de existencia de la U.R.S.S., el 7 de noviembre.

El otro problema que trató de solucionar la reforma gregoriana fue la fijación, en adelante, de la fecha de la Pascua de Resurrección, con el fin de acomodarse a las normas del Concilio de Nicea. Las opiniones para abordarlo fueron diferentes, y se pueden concretar en las de los que eran partidarios de las epactas, y de los que no lo eran. Empecemos por decir que Epacta es por definición la edad de la luna en el momento de iniciarse al año. Si se sabe la edad de la luna el 1º de enero, es fácil saber cuándo será el primer novilunio del año y con ello no es difícil conocer cuándo ocurrirá la primera luna llena después del 21 de marzo y en qué día caerá el domingo correspondiente, en que hay que celebrar la Pascua cristiana.

Si, por ejemplo, un año la luna nueva es el día antes del 1º de enero, ese año tendrá el 1 como número de la epacta, aunque suele expresarse en números romanos. Puesto que el año lunar es de 354 días, es decir once menos que el solar, al siguiente 1º de enero la luna ya no será tan nueva, sino que tendrá una edad de 12 días correspondiéndole la epacta 12, al siguiente año la epacta será 23, y al siguiente al número 34 se le resta 30, mes lunar, con lo que la epacta será 4, y así sucesivamente. Este ciclo se repetiría incesantemente si no fuera porque el mes lunar no es de 30 días sino de 29,53 días. Por eso en la Tabla de Epactas se tiene en cuenta esto, pues aunque los reformadores prefirieron conservar las epactas ligadas a los 19 números áureos, eran precisas pertinentes correcciones para conformarse a la falta de exactitud del ciclo de Metón. Pero no serán ésas las únicas correcciones que hay que hacer, ya que para acomodarse al año trópico algunos años centenarios dejaron de ser bisiestos. Así que la Tabla de Epactas es compleja de calcular y está llena de complicaciones, y no es de extrañar que el método tuviese sus opositores. De hecho a cada año se le señala una epacta, que en principio está asociada al número áureo. Así, antes de la reforma gregoriana al número áureo 1 se le asociaba la epacta viii, al 2 la xix, etc. Esto equivalía a lo que se había determinado en las Tablas lunares, porque una epacta viii significa que faltan 22 días para la luna nueva[24] y por eso era 23 el día del novilunio de las Tablas.

Nº Áureo	1	2	3	4	5	6	7	8	9	10	11	12	13	14	15	16	17	18	19
1582 - 1700	j	xij	xxiij	iv	xv	xxvj	vij	xviij	xxix	x	xxj	ij	xiij	xxiv	v	xvj	xxvij	viij	xix
1700 - 1900	*	xj	xxij	iij	xiv	xxv	vj	xvij	xxviij	ix	xx	j	xij	xxiij	iv	xv	xxvj	vij	xviij
1900 - 2200	xxix	x	xxj	ij	xiij	xxiv	v	xvj	xxvij	viij	xix	*	xj	xxij	iij	xiv	25	vj	xvij
2200 - 2300	xxviii	ix	xx	i	xii	xxiii	iv	xv	xxvi	vii	xviii	xxix	x	xxi	ii	xiii	xxiv	v	xvi

Tablas de Epactas:

Las Tablas de Epactas se han introducido a partir de la Reforma gregoriana. Puede comprobarse que son de periodos de validez variable

Además de la antigua y la reformada por Dionisio el Exiguo, aparece la que siguió a la Reforma gregoriana

El ciclo de epactas que se mantiene tras la reforma es prácticamente el mismo, con dos novedades: Una, que la epacta dio un cierto salto del 1582 al 1583, como es lógico al haber suprimido diez días. A partir del 15 de octubre del 1582 la epacta iii se convirtió en la xxvi, y a 1583 le correspondió la vii en lugar de la xiv. Después se sigue el ritmo normal de asignación de epactas[25]. La otra, que en adelante hay que introducir ligeros saltos de epacta en ciertos años centenarios. Con estas dos determinaciones ya no será preciso elaborar en adelante nuevas tablas de novilunios, y por ello los autores de la reforma la consideraron prácticamente eterna. Conviene advertir que entre salto y salto de epacta se asignan los novilunios

[24] En efecto, 8 + 22 son 30, que son los días del mes.

[25] Se sumará 11 a la epacta de un año para determinar la del año siguiente, restando 30 cuando se sobrepasa este número, y representando con un asterisco la epacta trigésima, que deberá seguir a la xix.

de la misma manera que se había hecho tradicionalmente, y por eso para nosotros sigue habiendo sólo 19 días por mes en los que tenga lugar el novilunio pertinente. Pues como en la reforma gregoriana habían triunfado los partidarios de las epactas, éstas se consignaron en sus correspondientes tablas, que son válidas hasta que sea preciso un salto de epacta, lo que se reflejará en un cambio de la fecha de los novilunios. A nosotros no nos afecta porque el anterior cambio tuvo lugar en 1900 y el siguiente no se verificará hasta el año 2200.

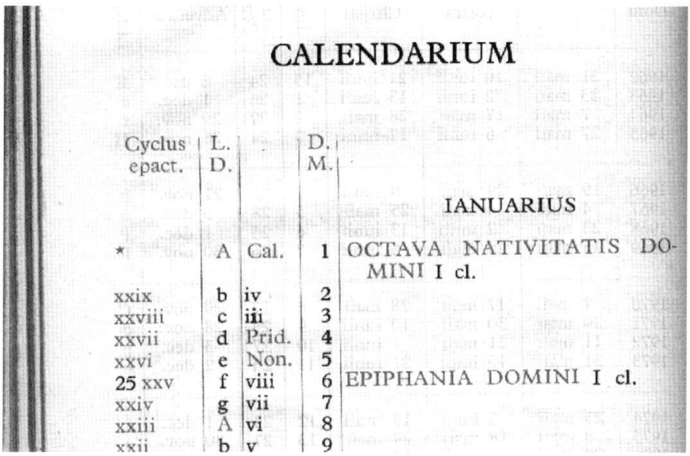

CALENDARIUM

Cyclus epact.	L. D.		D. M.	IANUARIUS
*	A	Cal.	1	OCTAVA NATIVITATIS DOMINI I cl.
xxix	b	iv	2	
xxviii	c	iii	3	
xxvii	d	Prid.	4	
xxvi	e	Non.	5	
25 xxv	f	viii	6	EPIPHANIA DOMINI I cl.
xxiv	g	vii	7	
xxiii	A	vi	8	
xxii	b	v	9	

Fig. 9ª Reproducimos una parte de una hoja de breviario antiguo, correspondiente a los primeros días de enero. En la primera columna aparece el ciclo de las epactas, y en la segunda, la letra dominical. En la siguiente columna se nombran los días a la romana, y en la cuarta el día del mes. La última se reserva a la celebración de los santos. Al ser xxiv la epacta del año 2000, se supone que la luna nueva de enero de ese año cayó en 7 de marzo.

Por otro lado, la letra dominical sigue siendo imprescindible si se quiere determinar la Pascua cristiana, que se celebra en domingo. En los Breviarios y Misales de la Iglesia Católica se incluyeron siempre calendarios perpetuos, con el santoral, el día del mes (muchas veces a la latina) y la letra dominical. Tales calendarios se diferenciaban de los anteriores a la reforma en que a partir de ella hay una columna con las epactas, en lugar de la columna de números áureos que aparecía en los antiguos. En éstos los números áureos se colocaban en los días en que podía haber novilunio, conforme a las Tablas lunares, y bastaba con conocer el número áureo del año para saber las fechas de esos novilunios. Después de la reforma aparece en la columna de las epactas un asterisco el día 1 de enero, xxix en el día 2, xxviij en el 3, etc. hasta la j del día 30, y justo delante del 31 otra vez el asterisco. Esto se repite cíclicamente, en los siguientes días del año, aunque teniendo también en cuenta que un mes lunar es de 30 días y el siguiente de 29, durante todo el año. Por tanto, conocida la epacta de un año concreto, se busca ésta en la columna de las epactas y, a lo largo de los meses, el día correspondiente a esa fila será cada uno de los días del novilunio de dicho año.

En los Misales y Breviarios de la Iglesia Católica, de que venimos hablando, solía haber además una muy pertinente explicación del calendario gregoriano con las tablas de las epactas correspondientes a un cierto número de años, tablas que se iban actualizando en las sucesivas ediciones conforme al espíritu de la reforma gregoriana. También aparecía una tabla de celebración de la Pascua en un determinado número de años, que permitía conocer la fecha de todas las fiestas móviles que dependiesen de ella en esos años. Por otro lado, observando estas Tablas, se puede uno dar cuenta de que la fecha de la Pascua de Resurrección no puede ser anterior al 22 de marzo ni posterior al 25 de abril, con lo que se cumple la exigencia de Nicea.

La reforma gregoriana llevó consigo que el ciclo de la Pascua fuese de 57.000 siglos, es decir que la repetición de las festividades móviles de una secuencia de años no tendrá lugar, como se podría pensar, a los 532 años, producto de 19, número áureo, por 28, ciclo solar. En tal caso buscaríamos repetición continuada de las fechas de las Pascuas que rodean al año 2000, en el año 2532. Pero tal cosa no sucede. Hay fechas muy parecidas hacia el año 2524, lo que tiene una cierta explicación. Pero la repetición exacta no se dará sino a larguísimo plazo.

Lo cierto es que todo el mundo se hace cruces del optimismo de los reformadores, quienes al establecer un ciclo tan enorme debieron pensar no sólo en la absoluta garantía de sus Tablas, sino también en la completa fijeza, en el futuro, de los movimientos y periodos celestiales, lo que es mucho suponer.

CALENDARIOS SEMÍTICOS

CALENDARIO ISLÁMICO

Éste tuvo su origen en el calendario arábigo de la llamada «edad de la ignorancia», anterior a Mahoma. Era un calendario lunar, y por tanto el año constaba de 354 días, repartidos en doce lunaciones de 30 y 29 días alternativamente, de manera que cada mes empezaba con la luna nueva. De vez en cuando se intercalaban años superabundantes, de trece meses lunares, con el fin de no desfasar las estaciones, aunque se hacía sin criterio fijo. Ello daba al calendario un cierto carácter lunisolar, pero sin exactitud. Mahoma, tres meses antes de su muerte y con ocasión de su retorno a La Meca, prohibió el sistema de intercalación por considerar que constituía una prueba de infidelidad hacia Dios, ya que se cambiaba el número y disposición de los meses por Él fijado. En consecuencia, el calendario islámico es hoy el calendario lunar por excelencia, fundamentado sobre un ciclo de 360 lunaciones o 30 años lunares, de los cuales 19 son de 354 días, y los otros 11 son bisiestos y tienen 355 días. El ciclo dura exactamente 10631 días, lo que nos da como duración del mes sinódico 29d 12h 44m, o sea 29,530556 días, que es muy buena aproximación.

Esto lleva consigo, sin embargo, el que los años del Islam no transcurran igual que los nuestros. De hecho el comienzo del año tendrá lugar pasados 354 días, lo que retrasa respecto al nuestro su calendario. Y por eso el ayuno del Ramadán no tiene lugar en una estación fija, sino que va desplazándose de año en año. Es cierto que el desajuste se compensa cada 32 años de los nuestros, porque entonces han ocurrido prácticamente 33 años de los suyos. El que los años islámicos no duren lo mismo que los gregorianos añade, como ya sugerimos, una complicación a la cronología, cuando queremos compaginar los años transcurridos según ambos sistemas. En efecto, aunque sabemos que la Héjira, que señala el comienzo del calendario musulmán, tuvo lugar en el año 622, el número de años transcurridos desde entonces no es el mismo para los cristianos que para los musulmanes. En el año 2001, por ejemplo, tendremos que restar 622, y el número 1379 es el de años gregorianos transcurridos desde entonces, pero para saber cuántos años islámicos son, tendremos que multiplicar 1379 por 33 y dividir por 32 lo que nos dará 1422, que es el año por el que se han regido los musulmanes[26] desde el 26 de marzo del 2001 hasta el 14 de marzo del 2002. Si se quieren ajustar exactamente las cronologías, la cosa se complica porque nuestro año empieza siempre en enero y el año musulmán comienza en el mes de al-Muharram que es cambiante para nosotros. Además la Héjira tuvo lugar en julio del año 622. Por eso el comienzo del primer año musulmán no tuvo lugar al comienzo del año cristiano y, en consecuencia, compaginar fechas en las distintas eras y en los diferentes calendarios exige siempre una cuidadosa atención[27].

El día comienza para los musulmanes a la puesta del sol, y como para nosotros, la noche precede siempre al periodo diurno. El día se divide en 24 horas desiguales o temporales, pues 12 de ellas se computan desde el anochecer hasta el alba, y las restantes 12 desde el alba hasta el anochecer. Así que la séptima hora nocturna comienza justo a la

[26] Sería más ajustado multiplicar por 365,25 y dividir por 354,37 pero la diferencia no es muy grande.

[27] M. Ocaña Jiménez, pp. 29 y ss.

medianoche, y el mediodía coincide con el inicio de la séptima hora diurna[28]. Los cinco momentos de oración de los musulmanes prescrito por el Corán, se acomodan mejor, aunque no exactamente, a una cuenta de horas desiguales, las cuales más adelante veremos que se llaman también planetarias, que a una de horas astronómicas.

Los meses son siempre doce, como se ha dicho, siendo el primero el de al-Muharram; y el más conocido, el de Ramadán, constituye el noveno mes de su calendario. Los meses impares son de 30 días y los pares de 29, con la única excepción de que el duodécimo mes es de 30 días en los años bisiestos o embolísmicos. Como año específicamente lunar, el día primero de cada mes del calendario islámico debería ser luna nueva, la luna llena sería el 14 ó el 15 y el mes terminaría con la siguiente luna nueva. Sin embargo el mes empieza oficialmente, en los diversos lugares, cuando el muecín, o representante religioso cualificado de cada lugar, determina que ha comenzado otra lunación porque puede verse finísima la luna en el horizonte a la puesta del sol. Como los calendarios se elaboran con anterioridad hay un empezar oficial de los meses, teóricamente coincidentes con la luna nueva, aunque astronómicamente puede no haber tenido lugar todavía. Los ajustes para que ello suceda explican la introducción de un día embolísmico, añadido a fin de año, once veces en treinta años, como se dijo antes.

CALENDARIO JUDÍO

Para acomodar las cronologías es preciso tener en cuenta que para los hebreos el año en curso es el de la Creación del mundo, calculado a partir del relato bíblico de la misma. Desde los principios de la Diáspora, es decir tras la destrucción de Jerusalén, el año exacto de la Creación se sitúa 3761 años antes de nuestra era, por lo que no es difícil concluir que nuestro año 2001 es para los judíos el 5762, aunque también aquí se tropieza, a la hora de conciliar fechas, con el inconveniente de que el principio de cada año no coincide en los calendarios gregoriano y judío, pues dicho año 5762 empezó nuestro 18 de septiembre del 2001 y terminará el 7 de septiembre del 2002[29]. Por otro lado el día comienza al atardecer, a la puesta del sol, con lo que, como en el caso del calendario islámico, una fecha de estos calendarios puede significar dos fechas para el calendario gregoriano, y viceversa.

---

[28] Ni que decir tiene que en la vida moderna de la mayoría de los países de religión islámica, las horas civiles transcurren y se cuentan igual que las nuestras, lo que es imprescindible por ejemplo para las exigencias de horario de los vuelos internacionales.

[29] Es un año de 354 días, aunque el siguiente de 5763 será un año de 385 días.

El calendario judío sigue en principio un año lunar de doce meses, cada uno de 29 ó 30 días. Este año lunar dura aproximadamente 354 días, como hemos dicho repetidamente. Pero como las fiestas bíblicas siguen las estaciones agrícolas del año solar de 365 días, hay que eliminar la diferencia de once días que subsiste entre el año lunar y el año solar. A fin de resolver este problema, se añade un tredécimo mes en ciertos años.

En la época en que aún subsistía el Templo ello se hacía periódicamente, después de que el Sanedrín examinara la situación agrícola al fin del mes duodécimo o la madurez de las espigas en la época de la Pascua, porque éstas debían estar maduras siete semanas después, es decir, cuando eran ofrecidas en la fiesta de Pentecostés. En época ulterior, y porque la dispersión del pueblo judío complicaba el acuerdo y el anuncio del mismo, se introduce el mes suplementario automáticamente, siete veces en un ciclo lunar de 19 años: el 3º, 6º, 8º, 11º, 14º, 17º y 19º año del ciclo. Conviene saber que el año 5749 de la Creación (1989-90 para nosotros) ha abierto tal ciclo de 19 años, y por tanto son años embolísmicos el 5752, el 5755, etc., siendo los restantes años comunes.

Pero a partir de la reforma de Hillel II, en el siglo cuarto de nuestra Era, no se trata solamente de añadir al fin del año religioso un mes llamado Ve-Adar, que seguirá al mes de Adar, sino de cumplir una serie de normas con dos finalidades: una la de añadir un día al estilo de nuestros años bisiestos y con el mismo propósito de ajustarse al año trópico, y otra reglamentar el año para que las fiestas principales no interfieran con el sábado, día de descanso para los judíos. Ello obliga también a reducir en un día ciertos años, con lo que los años normales pueden tener 353, 354 ó 355 días, y serán por tanto defectivos, regulares o abundantes respectivamente. Esto sucede también en los años embolísmicos, de forma que existen años embolísmicos defectivos, regulares y abundantes de 383, 384 ó 385 días. Es fácil imaginar la complicación que supone no sólo la realización del calendario hebreo, sino la consiguiente tarea de compaginación de la cronología. Aclaremos por otra parte que Ve-Adar será, según las normas, de 29 días, mientras que el mes de Adar, que en años comunes tiene 29 días, pasa a tener 30 en los embolísmicos. Como el año religioso empezaba en el mes de Nisán, y terminaba en el de Adar, el mes de Ve-Adar se añadía a fin de año. Pero puesto que el año civil empieza sin embargo en el de Tishri y termina en el de Elul, el mes embolísmico vendrá en este caso intercalado.

Aunque el año religioso empezaba en el mes de Nisán en cuya luna llena se celebraba la Pascua, el año civil comienza, como acabamos de decir, por el mes de Tishri. Este mes se inicia con la luna nueva más próxima al equinoccio de otoño, de forma que este equinoccio caiga siempre en dicho mes. El comienzo del año es la fiesta de Rosh Hashaná y está condicionada por la fiesta del Yom Kipur[30], que se celebra diez días después del comienzo del año, festividad que no podrá celebrarse ni en domingo ni en martes ni en viernes.

Diremos también, como entre paréntesis, que el conocimiento del día en el que ocurre la luna nueva, el cual determina el comienzo de todos los meses y por tanto también el del año, es un prodigio de cálculo y de conocimiento astronómico. El momento exacto era llamado *moled*, y se precisaba hasta el *halakim* o escrúpulo, división del día equivalente aproximadamente a tres y un tercio de nuestros segundos[31]. El moled de la luna nueva más cercana al equinoccio de otoño era un número decimal cuyo entero tenía que someterse a las reglas impuestas por Hillel II, a partir de las cuales se fija exactamente la fiesta del Rosh Hashaná.

En el Ciclo de Metón de 19 años, siete serán embolísmicos para este calendario, en un orden que ya utilizaron los griegos. Existe una regla relativamente sencilla para saber en qué años hay que añadir el mes embolísmico: Se añaden cinco unidades al producto por 12 del número que indica el año hebraico, y se calcula después el resto de dividir esa cantidad por 19. Con lo que tendremos un cierto parámetro que podemos llamar α. Todos los años que tengan α menor que 7 serán embolísmicos, es decir de 13 meses.

La duración exacta de cada año es algo más complicado. Al año lunar de 354 días se añadirán 30 días en los embolísmicos, lo que dará años de 384 días. Pero para conseguir que el año solar trópico tenga en promedio exactamente 365,246822 días, según su cuenta, se añade o quita un día tanto a los años comunes como a los embolísmicos, conforme a las complicadas reglas de Hillel II, que además trataban de evitar el que coincidiesen en el año dos fiestas seguidas. Entre otras cosas es preciso que el 1º de Tishri (Rosh Hashaná) no sea ni miércoles, ni viernes, ni domingo, y también es necesario que el Yom Kipur, que se celebra el 10 de Tishri no caiga tampoco ni el día antes ni el de después de un Sabath.

El séptimo mes es el conocido de Nisán, en el cual tenía que ocurrir el equinoccio de primavera, de manera que el 15 de Nisán, que tenía que ser luna llena, era la primera luna llena más cercana al equinoccio de primavera. Como en dicho día había ocurrido el éxodo de los israelitas de Egipto, ese día es el de la celebración del Pésaj, que nosotros llamamos Pascua, no sólo fiesta principal en la vida religiosa del pueblo judío sino también eje fundamental para la construcción del calendario hebreo, y condicionante de nuestro calendario gregoriano, como ya se ha dicho. Conviene añadir que como el día judío comienza al ocaso es preciso que

---

30 Es el Día de la Expiación de los pecados.

31 La hora constaba de 1080 escrúpulos, frente a nuestros 3600 segundos.

sepamos, al compaginar cronologías, que la preparación de la cena de la Pascua se tiene siempre el 14 de Nisán.

Esta fiesta del Pésaj no puede celebrarse nunca ni en lunes, ni miércoles ni viernes. Sin embargo sí puede hacerse en domingo, lo que crea un problema adicional a la fijación de la Pascua de Resurrección, como ya hemos visto. El número de días que van desde el Pésaj al principio del año siguiente es siempre de 163 días. Sin embargo los días que van desde principio del año judío hasta la celebración de su Pascua serán variables debido a la inclusión del mes embolísmico. De hecho sabiendo el ritmo de inclusión que se ha dicho más arriba no es difícil saber qué años son o no embolísmicos y por tanto de 13 meses. Pero conocer si tanto esos años o los comunes son regulares, defectivos o abundantes ya no es tan sencillo, y exige los laboriosos cálculos a que hemos hecho alusión. Por eso tampoco es fácil conocer «a priori» la largura de los primeros meses, pues es en ellos cuando se realizan las modificaciones pertinentes a la longitud del año.

Podemos sacar en conclusión, que con tan complicadas reglas los hebreos han conseguido una doble finalidad. Por un lado asegurar que cada mes empieza lo más cerca posible de la luna nueva, y en segundo lugar acomodarse a la duración del año trópico.

Los judíos no hicieron nunca una reforma como nuestra reforma gregoriana. Ello quiere decir que con su sistema de calendario ajustaron desde antiguo, mejor que lo que lo hizo el calendario de Julio César, sus años al año trópico. El resultado de añadir meses embolísmicos fue que el año promedio estuviera siempre más cercano al año trópico que el calendario juliano, lo que evitó la necesidad de llevar a cabo alguna reforma. En este sentido, André Neher[32] cita a David Gans (1541-1613) quien en su obra de astronomía titulada *Nehmad Venaim*, compuesta alrededor del año 1600, se enorgullece de la falta de reforma diciendo: «Desde los orígenes hasta nuestros días, las medidas astronómicas, que nuestro pueblo judío posee tradicionalmente, han permanecido inmutables, de tal manera que nunca ha sido necesario alterar nuestro calendario, mientras que otros pueblos se han visto obligados a hacerlo incluso siete veces. Esta constatación no la hago con un fin apologístico, al ser judío, ya que los más eminentes astrónomos, desde la antigüedad hasta nuestros días, quiero decir, desde Hiparco hasta Copérnico, Tico Brahe y Juan Kepler, se maravillaron ante este fenómeno, único en el mundo, de un calendario con bases tan minuciosas como para mantenerse inalterable durante milenios»[33].

Sin embargo David Gans no podía contemplar, añadimos nosotros, que la cuenta del año trópico gregoriano es en estos momentos

---

[32] André Neher, *Concepto del tiempo y de la historia en la cultura judía*, en el libro de P.Ricoeur et al., p. 181

[33] *Ibid.*

más cercana al año trópico astronómico que la del calendario judío, y de hecho el calendario hebreo sobrepasa al nuestro en un día cada 230 años. Por otro lado, en 19 años, siete son embolísmicos. Luego en promedio tendrán 12 años de 354 días y 7 de 384, lo que daría unos 6936 días en el ciclo de Metón, y ello determina un año de 365,053 días. Las correcciones de los días añadidos acercan el año trópico judío al astronómico. Pero su año trópico de 365,246822 días es ligeramente mayor que el gregoriano de 365,2425, y por ende mayor que el año trópico astronómico, lo que significa que alguna vez tendrán que hacer alguna corrección a su calendario. Sin embargo estas deficiencias no impiden tampoco nuestra admiración por el calendario de Hillel II, quien consiguió uno de los más perfectos calendarios lunisolares que conocemos.

CALENDARIOS AMERICANOS

CALENDARIO MAYA

Como se confirma a lo largo del estudio de los calendarios, la ordenación de los días en sus diferentes ciclos es tan complicada que solamente estaba y está al alcance de eruditos. En general se dejaba a la clase sacerdotal la elaboración de los calendarios, o bien esa casta trataba de elaborarlos para ejercer así un cierto dominio sobre los demás. Por eso, en consonancia con el doble poder, en casi todas las culturas hay un calendario religioso y otro civil. El primero ordenaba los fastos sagrados y las obligaciones del hombre con las distintas divinidades, y el segundo clasificaba los eventos de la vida civil, ya fuera el pago de impuestos y alcabalas o las celebraciones de batallas o conmemoraciones.

Pero si hay una civilización en que quede claramente marcada la diferencia entre ambos calendarios, ésta es la de los mayas. No entraremos aquí en la descripción de esta apasionante cultura tan paradójica. Pues por una parte no habían entrado en la Edad de los metales, ni conocían la rueda, y por otro tenían un exactísimo conocimiento del movimiento y regularidad de los cuerpos celestes en la bóveda, sin que ello supusiera que tuvieran un modelo geométrico de la disposición de los mismos en el espacio externo. En cuanto a las construcciones ciclópeas que hoy conocemos exigían por una parte suficientes conocimientos arquitectónicos, pero revelaban por otra la ignorancia de la construcción de la verdadera bóveda, ya que en todos sus monumentos se puede observar la llamada falsa bóveda.

Los mayas tenían una numeración de base 20. Quizá porque andaban descalzos y tenían acceso inmediato a los dedos de las manos y de los pies. La representación de dicha numeración era sencilla de entender: Un punto representaba una unidad, dos, dos unidades, etc. El cinco se representaba por una barra, el diez por dos barras, etc. Naturalmente el 19 venía representado por tres barras y cuatro puntos. El número 20 era un punto del orden superior, y significaba 20 veces uno. El 21 no es sino un punto en el orden superior y otro punto en el inferior, mientras que la representación del 19 en este orden significará 19×20, o sea 380. En el siguiente orden el punto significa $20 \times 20 = 400$. Lo notable de este tipo de numeración era que conocían y representaban el cero, que como sabemos sólo nos llegó a la civilización europea bien entrada la Edad Media, por influjos de la cultura de la India en el mundo musulmán.

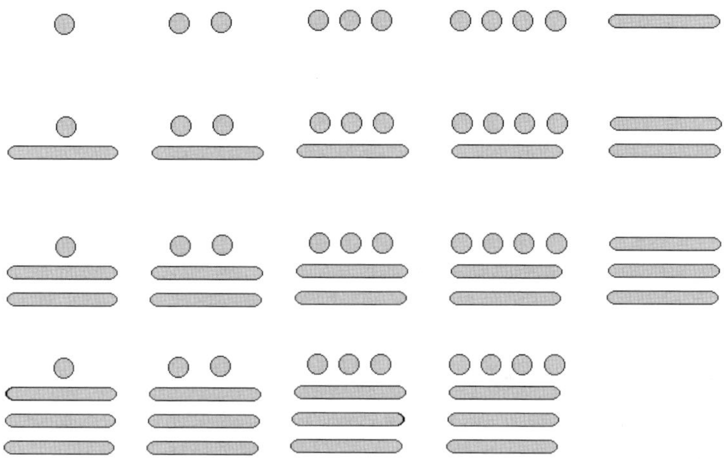

1	20	400	8.000	160.000
	1	20	400	8.000
		1	20	400
			1	20
				1

Fig. 10ª El punto, en la numeración vigesimal, representa el uno y la barra, el 5. En el orden superior el punto significa 20 veces uno, la barra cinco veces más. En el siguiente orden el punto significa $20 \times 20 = 400$. Recordemos que, como se conocía el cero, es posible representar cualquier número en esta base vigesimal.

La Cuenta larga

En lo que se refiere a los calendarios podemos decir que tenían tres. Por un lado la llamada Cuenta Larga, que ordenaba los ciclos de los días de la siguiente manera: Cada día se llamaba kin, y veinte kines constituían una especie de mes llamado uinal. Dieciocho de estos meses hacían un tun, que era un rudimentario año de 360 días o kines. Y de ahí en adelante se seguía una cuenta vigesimal: veinte tuns hacían un katun y veinte katuns, un baktun. Había también unidades superiores, pero al parecer la Cuenta Larga se detiene en sólo 13 baktuns, en lugar de llegar a 19. Ello da origen a un ciclo largo de unos 5.800 tuns, años de 360 días. Lo veremos más adelante desde otro punto de vista.

baktun	katun	tun	uinal	Kin
1	20	400	7200	144000
	1	20	360	7200
		1	18	360
			1	20
				1

Fig. 11ª En la cuenta larga se cumple fundamentalmente que el tun, espacio de tiempo parecido a nuestro año, tiene 360 kines o días. Ello lleva consigo un reajuste en la base vigesimal, y así el uinal tiene sólo 18 kines en lugar de los 20 que exigiría dicha numeración. En consecuencia se altera, frente a la vigesimal, la cuenta de los kines en las unidades superiores, como queda reflejado en la Tabla.

Este calendario, que ciertamente es rudimentario, tiene sin embargo la ventaja de que cada día o kin en dicho periodo está unívocamente determinado. Así por ejemplo en la llamada Placa de Leiden aparecen los glifos que determinarían la inequívoca fecha 8.14.3.1.12, es decir 8 baktuns, 14 katuns, 3 tuns, 1 uinal y 12 kins, que significan 1 872 000 kins desde el comienzo de la Cuenta larga. El único problema que quedaría por dilucidar, para poner en concordancia las cronologías, es el momento de empezar a contar. Volveremos sobre ello.

El Haab

Un refinamiento del calendario anterior lo constituye el Haab. Éste consistía en 18 meses de 20 días, y se añadía un mes de cinco días, que se consideraban nefastos. Con ello se completa un año de 365 días, más cercano, como sabemos, a la revolución del sol en la bóveda, que es la que fija las estaciones. Los días se nombraban con un numeral del 0 al 19 seguido del nombre concreto del mes, por ej., 8 Cumhu. Naturalmente Uayeb, mes añadido, sólo tenía numerales del 0 al 4, por ej., 3 Uayeb. Estas denominaciones se repetían cada 365 días, como es lógico. Y a esta denominación se prefijaba la que correspondía al calendario religioso.

El Tzol kin

El calendario religioso se llamaba Tzol kin. Cada Tzol kin tenía 260 días. Había veinte guardianes de los días y cada fecha se designaba por un número, que iba del 1 al 13, y el nombre de uno de esos guardianes. Pero de un modo peculiar, ya que de un día al siguiente se cambiaba tanto el numeral como el nombre del guardián. Así al 4 Ahau seguía el 5 Imix, siendo lógicamente Imix el que sigue a Ahau en la serie de los veinte guardianes. Naturalmente estas denominaciones se repetían cada 260 días, y por ello, y para evitar ambigüedades, era conveniente indicar a la vez la denominación correspondiente al Tzol kin y la que correspondía al Haab: Por ejemplo la fecha 4 Ahau 8 Cumhu no se repetiría hasta pasado un ciclo de 18.980 días, que es el mínimo común múltiplo entre 260 y 365. Por tanto dicho ciclo era de 52 haabs o de 73 tzol kins. En efecto $52 \times 365 = 73 \times 260 = 18.980$.

Podemos sentir curiosidad sobre el capricho de los mayas en instituir el número 260 como longitud del año religioso. Hay diversas teorías sobre ello, pero daremos alguna de las que nos parecen más interesantes y fundamentales. La primera de ellas es que 260 es el número promedio de días que dura la gestación de la mujer. Hablando una vez de este calendario, un alumno oyente sugirió, sugerencia que agradecemos, que con esta hipótesis el principio de la gestación o concepción se realizaría en la misma fecha del Tzol kin que el alumbramiento de la criatura. Es decir que una concepción en 11 Chuen, por ejemplo, daría lugar a un parto en otro 11 Chuen. Recordemos a este respecto que algunas culturas orientales consideran como edad la transcurrida desde la concepción y no desde el nacimiento. No puede negarse que ello podría tener su importancia.

La segunda hipótesis introduce al planeta Venus. Dijimos que se llama periodo sinódico al tiempo que tarda cualquier planeta en tener otra vez la misma posición relativa respecto al sol. Pues bien, el periodo sinódico de Venus es de 584 días, de los cuales 260 días, en promedio, aparece en el cielo como lucero de la mañana, y otros 260 como lucero vespertino, y si añadimos los 64 días en que no es visible por su cercanía con el sol, durante los cuales tiene lugar la conjunción con él, tendremos 584 días. Desde luego no se puede negar que Venus tuvo una enorme importancia en la cultura astronómica de los mayas. Hay otra hipótesis que se refiere a la posición zenital del sol cuando han transcurrido ciertos periodos de 260 días, pero como ello no sucedía en todo el imperio maya sino sólo en alguna ciudad, como Copán, a nosotros nos convence menos.

La fecha completa

La manera de fijar la fecha consistía en que, en la representación o inscripción de la misma, aparezca a la vez la Cuenta larga y las denominaciones del Tzol kin y del Haab. En la Piedra maya que se conserva en Leiden existe un glifo inicial del que no se conoce su exacto significado, y luego la cuenta larga en que se lee con comodidad 8.14.3.1.12, que interpretamos antes como 8 baktun, 14 katun, 3 tun, 1 uinal y 12 kines. Pasando, mediante cálculo, la Cuenta larga al Tzol kin obtenemos 1 Eb, y si lo hacemos en el Haab se tiene el 0 Yaxkin, que también pueden verse dibujados en la Piedra.

Esta manera compleja de expresar la fecha permitía expresarla de un modo unívoco, porque si solamente se indicase 1 Eb 0 Yaxkin, no sabríamos a qué periodo de 53 haabs o de 73 tzol kins se referiría, pues ya hemos dicho que esa fecha sin más indicación se repite cada 18.980 días. Indicar sólo la Cuenta larga no produce equívocos, siempre que sepamos a ciencia cierta cuando empezó dicha cuenta. Pero desde luego esta cuenta, fría y numérica, no tendría adeptos en la vida corriente, en que los mayas indicaban sus fechas por los numerales dichos y los dioses guardianes de los días y de los meses. No hace falta insistir en el sentido profundo que se daba a que tal o cual acontecimiento estuviese ligado a los dioses guardianes, con sus influencias venturosas y agradables, o nefastas y desagradables.

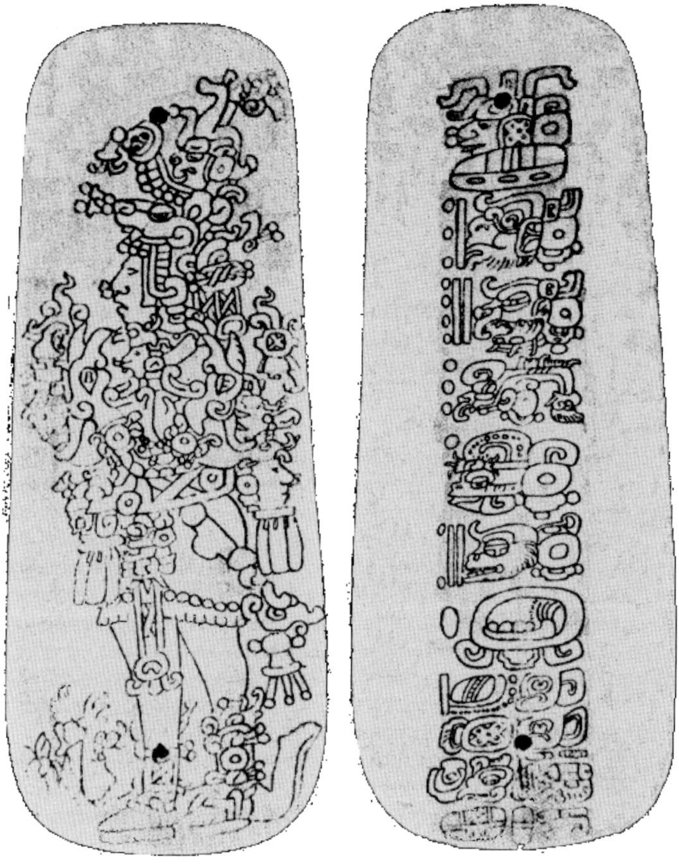

Fig. 12ª Esta pieza de unos 20 cm de larga, tiene por un lado un guerrero que aplasta con sus pies a un enemigo, y por el otro la fecha de celebración de la victoria sobre el mismo. Es significativa esta piedra no sólo para la interpretación de la Cuenta larga, el Tzolkin y el Haab, sino también porque la fecha indicada nos lleva, en nuestra equivalencia, al año 320 d.C., época del auge de la civilización maya.

En cuanto al problema del principio de la Cuenta larga, la interpretación más admitida es que tuvo lugar un 13 baktun de un ciclo anterior, en el que tanto los katuns, tuns, uinales y kines serían cero. O sea: 13.0.0.0.0; pero si se toma esto como origen del nuevo ciclo se volverá a empezar con 0.0.0.0.0. Una manera cómoda de interpretación de la Cuenta larga consiste en buscar una equivalencia entre esa fecha y la fecha juliana, de la que se hablará en su lugar. La hipótesis más razonable es suponer que si se añade a la Cuenta larga una correlación de un número de días se obtendrá la fecha juliana. Pasar de la fecha juliana a la correspondiente de nuestro calendario es un ejercicio común entre los astrónomos y no es difícil conseguir programas de ordenador que lo hagan rápidamente. El único escollo que quedaría por esquivar es el del número exacto de la correlación. Es admisible aceptar la correlación de Goodman-Martínez-Thompson que supone que añadiendo 584.283 al número de días transcurridos desde el inicio de la Cuenta larga tendríamos la fecha juliana.

De este modo se ha sacado la conclusión de que la fecha de la Piedra de Leiden corresponde al 14 de septiembre del año 320 de nuestra Era. En efecto 8.14.3.1.12 significan 1.253.912 kines transcurridos, a los que añadiendo los 584.283 de Goodman-Martínez-Thompson nos daría 1.838.195 como fecha juliana, que es sencillo hacer corresponder con ese 14 de septiembre del 320 d. C. en el calendario de Julio César.

Por otro lado los mayas no ignoraban el ciclo lunar por lo que establecieron nueve guardianes de la noche, de los cuales el quinto de la serie, está representado en la Piedra de Leiden. Dichos guardianes se repetían cíclicamente. Es cierto que tres ciclos de los guardianes de la noche es un mes sidéreo prácticamente, que como ya dijimos es de 27,3217 días. Ello no quiere decir que no supiesen que el mes sinódico es de unos 29 días y medio. Porque también aparece en algunas inscripciones un glifo indicativo de si se trataba de un mes de 29 ó de 30 días. Además ni Venus ni Marte, con sus movimientos, les eran desconocidos y no faltan teorías que relacionen los días del Tzol kin, con la permanencia en el cielo matutino del lucero de la mañana antes de pasar a ser, más adelante, lucero de la tarde, como ya hemos dicho. Los conocimientos astronómicos de los mayas fueron en efecto muy amplios, pero no todos influyeron en el establecimiento de los tres calendarios que hemos querido describir, ni nos parece conveniente el que, antes de otras evidencias, se dé por supuesto que tenían un conocimiento completo y preciso, incluso más completo y más preciso que nosotros, tanto de la duración del año trópico como del fenómeno de la precesión de los equinoccios.

Nos gustaría añadir que en el ambiente pseudoesotérico que se respira en nuestro mundo actual, buscan algunos enormes significaciones al calendario maya, al que no se puede negar su capacidad de sugerencia. Hemos dicho que uno de los grandes ciclos de este calendario es el de la Cuenta larga, que dura 1 872 000 kines. Es curioso que si se tiene en cuenta la correlación Goodman-Martínez-Thompson, la fecha correspondiente 13.0.0.0.0, del final de la Cuenta larga, será en nuestro calendario el 21 de diciembre del año 2012. Como vemos es el solsticio de invierno, y los astrónomos nos dicen, por otro lado, que en tal fecha el Sol va a encontrarse justamente en el plano de nuestra Galaxia, la Vía Láctea. A los que amamos las extrañas coincidencias nos parece algo maravilloso y digno de contar, pero no compartimos las predicciones catastrofistas de los agoreros de costumbre. Ya que no pudieron acabar con nuestro mundo al principio del año 2000, fecha más significativa para ellos que el comienzo del siglo, están empeñados ahora en aterrorizarnos con esta otra cantinela. Como si el haber dejado nuestro mundo en manos de los poderes fácticos que lo dominan no fuese realmente más aterrador, aunque menos estético, que cualquiera de los fenómenos cósmicos que puedan ocurrir.

CALENDARIO AZTECA

El calendario azteca es fundamentalmente un calendario maya. Aunque, como es natural, los nombres de las deidades cambian respecto a éste, lo que no hace sino complicar de alguna manera el calendario, al ser los nombres más largos y difíciles de pronunciar, sin que haya complicación esencial. Pero por otro lado se conoce mejor la traducción de los términos aztecas que la de los mayas, lo cual nos aproxima a la interpretación de los glifos mayas. El estudio de los diversos glifos de unos y otros sugieren que el significado es muy parecido, con lo que se podría suponer que las deidades mayas son en esencia las mismas que las deidades aztecas. Por otro lado, el azteca, que se divide en veinte trecenas, es un calendario prácticamente igual que el Tzol kin de los mayas. Los dioses protectores de estas trecenas son más numerosos y más complicados que los guardianes de los días de los mayas. Algunos autores pretenden la superioridad del calendario azteca sobre el maya, y desde luego sobre el calendario gregoriano, pero sus argumentos nos parecen un tanto peregrinos e irrelevantes[34]. Es cierto que la Estela Solar que se conserva en el Museo Arqueológico de México no tiene parangón en otras culturas, pero la información que contiene no creemos que deba sobrevalorarse hasta el punto de ver reflejados en ella toda una concepción filosófico científica y una representación de todos los eventos astronómicos, como sugieren algunos autores, que incluso afirman que tanto los aztecas como anteriormente los mayas tenían un mejor conocimiento del año trópico que nuestra cultura mediterránea, y una medida más exacta del mismo. Sin negar que esto pueda ser cierto, hemos de decir que los argumentos en que suelen apoyarse no parecen totalmente consistentes.

CALENDARIO INCAICO

El calendario incaico no ofrece un interés especial como calendario original y distinto. Es un calendario lunar, y lo único reseñable desde el

[34] Ver por ej. Antonio Lorenzo, *passim*.

punto de vista de la cultura de este pueblo es el hecho de que anotaba las fechas en los célebres quipos[35] o cuerdas de nudos, por lo que es difícil encontrar restos arqueológicos de sus calendarios, aunque sin embargo pueden rastrearse restos antropológicos en algunas partes de los Andes, en que todavía se utilizan los quipos no sólo como ábacos de cálculo sino también como calendarios elementales.

CALENDARIOS ORIENTALES

CALENDARIOS CHINOS

El antiguo calendario chino era lunisolar. Por tanto los meses seguirían las fases de la luna, aunque el principio de mes no lo ponían, como musulmanes y judíos, a la vista del incipiente creciente sino precisamente el día de la luna nueva. Los meses serían de 29 ó 30 días alternativamente, pero como es lógico se tenía en cuenta el ciclo solar para acomodar el transcurrir del calendario con las estaciones. Lo curioso de este calendario no son los nombres que se asignan a los meses, que naturalmente son propios de esta cultura, sino el hecho de que al querer acomodar ambos ciclos, el solar y el lunar, acometieron una serie de modificaciones, añadiendo meses y días embolísmicos, que hacen al calendario chino muy semejante al calendario judaico, con años de 353, 354, 355 y 383, 384, y 385 días como sucede en éste último.

La denominación no sólo de los diferentes meses, sino también de los días y de los años seguía un procedimiento distinto a los que conocemos. En principio se tendrán en cuenta diez troncos celestiales, cada uno con su nombre, y se tratarán de combinar adecuadamente con doce ramas terrestres. Así que la denominación que se busque constará de dos palabras, un tronco celeste seguido de una rama terrestre. Los diez troncos son palabras intraducibles por no significar nada especial, pero las doce ramas tienen nombre de algún animal: rata, buey, etc.

Estas combinaciones de tronco celeste y rama terrestre se utilizaban, como hemos dicho, para denominar también los días y los años. De manera que una fecha cualquiera consistía en principio en un sexteto de combinaciones, dos para el día, dos para el mes y dos para el año.

El primer mes de un ciclo se denominaba guin-chou, que es la combinación del décimo tronco con la segunda rama, el siguiente era la del tronco que le sigue, el primero en este caso con la tercera rama, etc. Como

[35] También pueden llamarse quipus.

sólo son posibles 60 combinaciones distintas, al terminar se vuelve a comenzar del modo indicado. Es verdad que 60 meses no son un número exacto de años, por el hecho de que unos años tienen doce y otros trece meses. Pero se evitaba cualquier confusión pues los dos nombres del mes debían ir siempre acompañados de los dos del año para soslayar la ambigüedad que pudiera surgir. Mientras que por su parte un ciclo de 60 días comenzaba con la combinación del tercer tronco con la tercera rama, y a este año seguiría el cuarto tronco con la cuarta rama, etc.

Como el año chino es lunisolar tiene en cuenta el ciclo del sol, que en su revolución anual recorre aproximadamente un arco de 30° cada mes. Con lo cual se tenían doce Términos principales, numerados del 1 al 12, lo que permitía designar los meses más fácilmente que con el procedimiento anterior. Además cuando se consideraban arcos de 15°, se intercalaban entre los principales otros términos secundarios, con designaciones de tipo meteorológico, haciendo referencia al estado climático del momento de que se trate. Veremos después, curiosamente, que esta denominación climática fue la norma en la denominación de los meses del calendario de la Revolución francesa.

Por otro lado, el año chino comienza actualmente en el periodo comprendido entre la mitad de nuestro mes de enero y la mitad de febrero, y por eso se suele leer en los periódicos sobre la celebración del año nuevo de los chinos, que por ejemplo en el año 2000 tuvo lugar el 5 de febrero, día en que comenzaba el año geng-chen, que los horoscopistas se habrán encargado de decir que se trataba de un año del dragón, por el significado de la segunda palabra, y que fue para los chinos el año 4698 si se tiene en cuenta el inicio de la cuenta de sus años. El 12 de febrero del año 2002 comenzó ren-wu, año del caballo y 4700 de su cuenta, con lo que se habrán repetido las elucubraciones de futuristas y alarmistas, a pesar de que el caballo parece en principio mejor amigo del hombre que el dragón.

El año empieza de modo que el solsticio de invierno ocurra siempre en el 11º término principal, y para acomodar la cuenta lunar con la solar se intercala, como en el calendario judío, un mes embolísmico. Los ajustes al número de días de cada año han de seguir estrictas reglas, como es comprensible.

Se sabe que la promulgación del calendario y la duración de cada año era función exclusiva del Emperador, aunque los cálculos se encomendaban a un Consejo de astrónomos. De esta forma el Emperador ejercía una forma de poder soberano sobre los súbditos del Celeste Imperio. También está documentado que la cuenta de los años a veces comenzaba con las nuevas dinastías, pero lo que importa resaltar es que todo lo dicho hasta aquí se refiere sobre todo al calendario utilizado hoy oficialmente para sus festividades, religiosas o civiles, porque a partir de Mao es cierto que el calendario civil oficial en China es el calendario occidental, que ya sabemos que es el gregoriano.

CALENDARIOS DE LA INDIA

La complejidad de las culturas de la India, sugiere que seguramente existen múltiples tipos de calendarios. Pero sin embargo hay uno más general, que ha merecido llegar a calendario oficial. Este calendario es lunisolar y en rigor muy parecido al gregoriano. En años normales tiene 12 meses de los cuales siete son de 30 días y otros cinco de 31, y también se añade un día al primer mes en los años bisiestos. Así que en principio, si no se hacen otras correcciones a largo plazo, es un calendario como el de Julio César. Sin embargo desde el año 1957 de nuestra Era, un Comité de Reforma del Calendario estableció que los bisiestos coincidirían con los del Calendario gregoriano, es decir que no basta añadir un día cada cuatro años sino que es precisa la corrección centenaria de restar tres días cada 400. Respecto al nuestro se diferencia sin embargo en que el primer día del año, y por tanto el primero del primer mes, llamado Caitra, se coloca en el equinoccio de primavera.

Los años se cuentan por la Era Saka, que comenzó en el equinoccio de primavera del año 79 d. C., y la Reforma de que hemos hablado comenzó en el año 1879 de dicha Era. El calendario civil no tiene más complicaciones. Éstas se dan cuando se trata de determinar las fiestas religiosas, que en general han de tener lugar en ciertas fechas lunares, y alguna en fechas solares. El Comité da para ello una serie de recomendaciones que en un país tan enorme y variado como la India no se aplican del mismo modo en todas partes.

OTROS CALENDARIOS

EL CALENDARIO REPUBLICANO

Cuando se habla en Francia de Calendario republicano, no se tiene ninguna duda de aquello a lo que se refieren. Sin embargo nosotros, para quienes la palabra republicano admite muchas interpretaciones, deberíamos advertir que vamos a hablar del Calendario que se instituyó a raíz de la Revolución francesa. No es preciso decir que se establece en pleno Siglo de las Luces, y que por lo mismo su finalidad principal es la instauración de un calendario que siga pautas absolutamente racionales. Por otro lado, la influencia del sistema métrico decimal, recién instaurado entonces, habrá de llevar a divisiones decimales en tanto en cuanto sea posible.

Desde el principio hemos estado diciendo que, por un capricho astronómico, la luna venía a tener unos doce meses al año, sin que hubiese ajuste completo de los días correspondientes. Esto no se pudo soslayar, y por eso a pesar de su inquietud decimal la Revolución no tuvo más remedio que instituir un calendario de doce meses. Sin embargo sí se podía conseguir que los meses fuesen exactamente iguales todos, lo que, como hemos aprendido ya, daría al calendario un carácter solilunar, puesto que prevalecería la repetición cíclica de un evento solar, como puede ser un equinoccio, sobre la cuenta del mes sinódico, o ciclo lunar. Además podía el mes dividirse cómodamente en tres décadas o periodos de diez días con diez nombres nuevos, uno para cada día. Con esta cuenta el año de doce meses de 30 tendría sólo 360 días, por lo que se imponía añadir a fin de año cinco días suplementarios, lo que ya hemos podido ver que no constituía novedad en la historia de la humanidad. Otra cosa fue el nombre revolucionario de "sanculótidos" que recibieron estos cinco días embolísmicos, y que como también sabemos deberían ser seis de vez en cuando por exigencias del año trópico.

Los doce nuevos meses recibieron poéticos y racionales nombres de Fabre d'Eglantine, y a todos nos suena Brumario o Fructidor por ejemplo. Eglantine intentó que cada nombre indicase una característica propia de los días del mes, ya fuese por la influencia del clima o de la estación, ya fuese por influjo de las cosechas propias del tiempo. Por otro lado se siguieron conservando las cuatro estaciones, y se fijó el principio del año en el equinoccio de otoño, y así el pomposo 1º de Vendimiario del año I de la República fue el día 22 de septiembre de 1792 del calendario gregoriano.

El que el año empezase justamente en el equinoccio otoñal suponía una dificultad intrínseca para la instauración de este calendario, porque una cosa es que el año trópico sea en promedio de una cierta medida, y otra el que las estaciones sean tan regulares y racionales como los republicanos hubiesen querido. En efecto, la duración y principio de cada una de las estaciones está supeditada al comportamiento astronómico del sol, por ejemplo, y por ello las estaciones no son iguales entre ellas ni duran siempre lo mismo.

A pesar de que parece que los franceses establecieron el sistema métrico decimal con la expectativa de que fuese un sistema absolutamente universal, y así va estableciéndose poco a poco, aunque han transcurrido dos siglos sin conseguirlo del todo, sin embargo en la creación del nuevo calendario fueron más localistas, y los nombres de los meses dependían o del clima o de la agricultura franceses. Esto hubiera constituido un primer obstáculo para hacer universal el Calendario republicano, pero todos los autores están de acuerdo en que el escollo principal fue el requerir "semanas" de diez días, y el rechazo no vino sólo del exterior de Francia sino del mismo pueblo francés. Por eso duró tan poco este calendario, y por ello Napoleón, magnífico estadista, se vio en la necesidad de volver otra vez al calendario tradicional. La lección que creemos sacar es que, aunque parezca mentira, lo excesivamente racional es a veces tan inhumano como lo irracional.

LOS CALENDARIOS DEL FUTURO

Por las noticias que tenemos, en la ONU se ha intentado también racionalizar el calendario por el que se ha de regir la humanidad en adelante.

Una de las propuestas es un año de 364 días oficiales, con lo que se conseguiría un número exacto de semanas de siete días, y para conseguir los 365 se pondría un día festivo universal, añadido al cabo de doce meses. En los años bisiestos se añadiría también un día al final de los primeros seis meses. Estos días embolísmicos tendrían la cualidad de no pertenecer a ninguna semana, y por tanto no serían ni lunes, ni ningún otro día de la misma, y tampoco serían días de ningún mes. Se ha sugerido que sea en tal fecha la celebración de la Fiesta del Trabajo. Con este calendario tendríamos exactamente 52 semanas, y todos los años empezarían en lunes y terminarían en domingo. Todos los meses, por su parte, tendrían cuatro semanas, excepto cuatro de ellos que tendrían cinco, si se quiere que también los meses empiecen en lunes y terminen en domingo. Como es lógico, esta propuesta esta pensada sobre todo para facilitar el calendario laboral.

Una variante de este calendario sería el que el año se dividiese en cuatro trimestres de 91 días. En cada trimestre, dos meses serían de 30 días y otro, que puede ser el de en medio o el de final de trimestre, tendría 31 días. Es claro que en esta forma cada trimestre contendría el mismo número de semanas, trece, y por tanto todos los trimestres comenzarían el mismo día de la semana, aunque ya no lo hiciesen todos los meses.

Naturalmente que en una reforma cualquiera de calendario, y más si se contempla la acomodación al calendario laboral, las fiestas, sean civiles o religiosas, tendrían que ser fijas. Esto significaría una separación evidente entre el calendario civil, y el actual calendario religioso de la Iglesia Católica. Por tanto se trataría de buscar una reforma de éste último para que, en los países de mayoría católica, la movilidad de ciertas fiestas no interfiera con los calendarios académicos y laborales de la vida civil. Parece que la UNESCO ha consultado con Roma la posibilidad de que todas las fiestas movibles se celebren en día fijo, y no tenemos noticia de que la contestación de la Iglesia haya sido negativa. Tampoco nos consta si se van a tener en cuenta o no, en dicho calendario, las festividades religiosas de otros calendarios.

A nosotros en particular nos parece que cualquier reforma del calendario que intente hacer más razonable la vida moderna es plausible, pero nos queda una incómoda sensación en el fondo de nuestra alma, porque, románticos por naturaleza, echaremos de menos la variación y el ordenado desorden de los calendarios tradicionales.

PARTICIÓN DEL MES: SEMANAS Y NUNDINAS

ORIGEN DE LA SEMANA

Aunque se pueda decir que la semana es probablemente de origen caldeo, a nosotros nos ha llegado por medio de los judíos, pues sabemos que el relato de la Biblia, en que se nos narra la Creación del mundo en siete días, viene reforzado por la abundante legislación sobre el descanso sabatino.

Sin embargo podemos sentir una especie de inseguridad cuando decimos que debemos nuestra semana a los judíos, al ver que en nuestros idiomas occidentales los nombres de los días de la semana están asociados con deidades paganas, como insistiremos luego.

Aunque todos los números tienen una especie de halo misterioso y nos gusta jugar con su significado, el número siete es uno de los que constituyen clave de diferentes misterios. Desde que el hombre observó el movimiento de los cielos, se distinguió el comportamiento de los astros que aparentemente daban una vuelta al día, todos ellos colocados en posiciones relativas inconmovibles, y que se llamaron estrellas fijas, del de otros astros que parecían vagar erráticamente, los planetas o errantes, a los que luego se les asoció sin embargo una forma de comportamiento regular a largo plazo. Pues bien, cinco de ellos podían por su tamaño aparente confundirse a primera vista con las estrellas fijas, pero dos eran las luminarias principales que regían la vida de los hombres, el sol y la luna. En total, siete.

DIOSES Y PLANETAS

Los cinco planetas que pueden observarse a simple vista y cuyos nombres conocemos desde la escuela son: Mercurio, Venus, Marte, Júpiter y Saturno. De éstos, los dos primeros parecen seguir el curso del Sol a lo largo del año, mientras que los otros tres son más independientes. Por otro lado hoy conocemos que los tres primeros son planetas de constitución semejante a la terráquea, mientras que los dos últimos son más bien de naturaleza gaseosa.

Como inciso podremos decir que esos cinco planetas, que despertaron la curiosidad de los astrónomos y a los que fue fácil asociarles dioses acompañantes o regidores, o incluso dotarles de naturaleza divina, se correspondían con el descubrimiento de los geómetras de que no es posible que haya más de cinco sólidos regulares: Así el tetraedro, hexaedro, octaedro, dodecaedro e icosaedro se asociaron con las órbitas geométricas asignadas al movimiento de aquellos. Si Empédocles no hubiera hablado de los cuatro elementos constituyentes de la naturaleza de los seres, y no se hubiese añadido después el quinto elemento o quintaesencia, quizá la asociación entre planetas y figuras geométricas no hubiera sido tan pertinaz. Pero este es otro problema.

Todos sabemos que nuestra cultura es heredera de la cultura griega, muchas veces matizada por medio de los romanos. Así el nombre de los planetas es idéntico al de los dioses del Panteón romano, Mercurio, Venus, Marte, Júpiter y Saturno; aunque en esencia son los mismos del Olimpo: Hermes, Afrodita, Ares, Zeus y Cronos. Por su parte el Sol se corresponde con Helios, Apolo para los romanos, y la Luna con la diosa griega Menes o Selene, sin que tenga un especial nombre en el elenco romano.

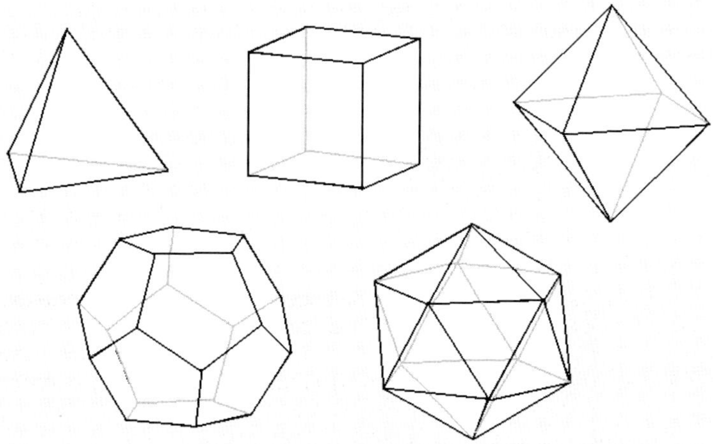

Fig. 13ª Los únicos cinco sólido regulares obedecen a rigurosas leyes geométricas. Su corto número ha tenido siempre un atractivo especial para el hombre. Por eso no es disparatado pensar en que desde tiempo inmemorial se atribuyese uno de estos sólidos a cada uno de los cinco plantes visibles: Mercurio, Venus, Marte, Júpiter y Saturno

Fig. 14ª Kepler quiso encontrar una relación geométrica entre los cinco sólidos regulares y cada una de las órbitas de los cinco planetas visibles. Este dibujo se encuentra en su obra "*Mysterium Cosmographicum*" (1596)

Para nadie es un secreto que nuestros lunes, martes, miércoles, jueves y viernes son trascripción del latín, con el significado de día de la Luna, de Marte, etc., como en casi todos los idiomas romances, y que por tanto estamos haciendo alusión a los dioses cuando nombramos los días de la semana.

Si subimos al norte de Europa, no encontramos siempre la correspondiente traducción de los días latinos. Nos fijaremos en los ingleses: Monday, Tuesday, Wednesday, Thursday y Friday. Y también en los alemanes: Montag, Dienstag, Mittwoch, Donnerstag y Freitag. En ambos la palabra día, es un sufijo de los nombres de las divinidades. Vemos que el lunes está dedicado también a la luna en ambos idiomas: Moon en inglés y Mond en alemán. Y el jueves, Thursday o Donnerstag nos sugiere el trueno o el dios Thor, correspondiente a nuestro Júpiter tonante. El viernes se refiere a la diosa Freija o de la fertilidad, con lo que la equiparación con Venus o Afrodita es inmediata. Mientras que Wednesday puede proceder de Odin. Del miércoles alemán hablaremos después.

En estos dos últimos idiomas el sábado se refiere a Saturno en los ingleses, mientras que en alemán encontramos Samstag, que curiosamente nos recuerda el Samedi de los franceses[36]. Otros idiomas nórdicos nos darán pequeñas diferencias con los citados.

Hemos dejado aparte el sábado y el domingo, porque el nombre del primero lo hemos tomado directamente de los hebreos, y el segundo proviene de Dies Domini (día del Señor) o Dominica, ya que los cristianos lo dedicaron a la Resurrección del Señor. Sin embargo los nórdicos siguen conservando la dedicación al Sol para nombrar el domingo (Sunday, Sonntag).

En resumen podemos decir que, en muchos idiomas, los nombres de los días de la semana conservan reminiscencias de los dioses a los que estos días se dedicaban, o de los astros o planetas que parecían regir en tales días el destino de los hombres.

EL ORDEN DE LOS DÍAS

Pero hay otra forma de nombrar los días de la semana, la ordinal. Es decir, de los siete días uno se considera el primero, y el séptimo se reserva para el último. En efecto hay calendarios que así lo mantienen. La Iglesia Romana los nombró desde el principio de esta manera: Dominica, Feria secunda, tertia, quarta, quinta, sexta y para terminar Sabbatum. Según parece quiso imponer más tarde esta forma de nombrar los días a toda la cristiandad, pero sólo tuvo éxito en zonas periféricas, menos influenciadas por la herencia latina de los romanos. De forma que los portugueses y gallegos los nombran, a partir del lunes: Segunda feira, etc. Los griegos modernos utilizan esta numeración ordinal en su definición de los días, excepto el viernes, Paraskeví, en que recurren a la forma hebrea "parasceve" que tiene el significado de preparación para la fiesta del sábado. El sábado lo es también para los griegos, y el domingo lo llaman Kyriakí, donde notamos la etimología kyrios, que significa señor.

Y al llegar aquí conviene señalar que no hay total unanimidad en definir el día en que comienza la semana. Para muchos es el domingo el primer día de la semana, y así se registra en los Evangelios cuando las mujeres van a ungir con óleos el cuerpo sepultado de Jesús. Por eso el lunes es la Feria segunda, y por ello los alemanes llaman 'Mitad de la Semana' al miércoles, pues eso significa Mittwoch. Nosotros utilizamos el lunes como primer día, y es el jueves el que está siempre a mitad de semana. En español decimos del que está estorbándonos, que está en medio como los jueves.

---

[36] Según Kluge, la etimología de Samstag proviene de Sambaztag, que a su vez tiene su origen en el sabbath judío.

Los semitas, árabes y hebreos, utilizan en sus calendarios la numeración ordinal, y también es el domingo el primer día de la semana. El último es para ambos el sábado, sin que ello obste para que los musulmanes tengan al viernes como día de oración. A ellos no les alcanza el precepto del descanso semanal como sucede con los judíos para el Sabbath y como con la Iglesia Católica y Ortodoxa para el domingo.

En consecuencia, vemos que en las culturas en que se tiene a la semana como ordenación de los días, unos han conservado la referencia a diferentes dioses o sucesos religiosos mientras que otros conservan la numeración ordinal, con algunas excepciones locales, para la celebración de diversas efemérides.

Como curiosidad podemos añadir que la serie de siete días, terminada en Shabbat para los hebreos, no ha sido interrumpida nunca. De manera que no le afectan los meses y los días embolísmicos que se añaden en su calendario. La Iglesia Católica respetó este orden cuando se hizo la reforma gregoriana, en que se saltaron diez días y se pasó del jueves 4 de octubre al viernes 15 del mismo mes. También es de notar que a pesar de la diferencia entre los calendarios islámico, hebreo y cristiano, en todos ellos es viernes o sábado al mismo tiempo. Por ejemplo nuestro jueves 30 de diciembre de 2004 es jueves 18 de Tebet para los hebreos y jueves 28 de Du-l-Qad'da para los musulmanes. Incluso en la Iglesia ortodoxa en que tal día tiene fecha del 17 de diciembre, no deja de ser viernes.

OTRAS "SEMANAS"

Podíamos haber empezado diciendo que semana viene de septimana o siete días, y que en griego clásico se denominaba hebdómada con el mismo significado, y nos podríamos haber preguntado si no existen otras culturas con diferente número de días en sus correspondientes semanas, en cuyo caso este nombre sería bastante inapropiado. La respuesta es que en el entorno en que nos movemos, sin adentrarnos en culturas más alejadas de nosotros, tenemos la "semana" de los antiguos vascos, que al parecer constaba sólo de tres días, puesto que en el vasco moderno llaman astelehena al lunes, con el significado de primer día, y asteaskena al miércoles, con la etimología de último día. No vamos a hacer elucubraciones sobre esto, pero seguramente era debido a necesidades de mercado en una cultura agrícola y ganadera.

Que hubo o pudo haber "semanas" de cinco días nos lo sugieren los nombres de la semana en turco, porque dos de ellos no tienen nombre propio, sino que se denominan "día posterior a...", y así sucede con Pazar y Pazartesi, Cuma y Cumartesi. Por lo tanto el recuento nos da cinco nombres diferentes.

También encontramos en la historia referencias a las célebres Nundinas, que eran los periodos en los que los antiguos romanos tenían su mercado. La etimología latina nos insinúa nueve días, es decir que este mercado tenía lugar cada nueve días, pero como los romanos tenían una manera inclusiva de contar, es seguro que el mercado se reunía cada ocho días. Aquí es bueno decir que aun cuando nuestra semana tiene nombres latinos, la Roma clásica no tenía semana de siete días, que se introdujo mucho después, y que los días de una nundina no tenían nombre especial, aunque en los calendarios se numeraban con una letra que iba desde la A hasta la G. Así que periodos de ocho días era el sustitutivo de nuestra semana. Podemos observar que ocho son los días que separan las Nonas de los Idus en cualquiera de los meses del año del Calendario romano. Ya sabemos que las Nonas eran el 5º día del mes y los Idus el 13º, excepto en Marzo, Mayo, Julio y Octubre en que eran respectivamente el 7º y el 15º.

Si pasamos a culturas americanas, diremos que los mayas tienen nueve guardianes de la noche, y dentro de sus meses a cada día asignan un guardián del día y otro de la noche. Los guardianes del día siguen una complicada cuenta de 20 guardianes combinados con una numeración del 1 al 13, pero los de la noche se repiten tres veces en un periodo de 27 días, que precisamente es un mes sidéreo, o el tiempo que tarda la luna en volver a la constelación en que se encuentra un determinado día. No sabemos si estos periodos de nueve días tenían significado civil o meramente calendárico.

Y ahora podemos desvelar un importante "secreto", y es que el ciclo lunar de las fases dura 29,53 días en promedio, pero que cada una de las fases tiene una duración de aproximadamente una semana de siete días. Así desde la luna nueva hasta el cuarto creciente pasan unos siete días, y lo mismo desde este cuarto hasta la luna llena. Los quince días de luna menguante van desde la llena hasta el cuarto menguante y desde éste hasta la luna nueva. Es decir que la semana puede tener su origen en este ciclo de las fases.

Los griegos clásicos tenían décadas para ordenar los días. Como sus meses eran prácticamente lunares o de treinta días, se dividían en tres décadas que se nombraban ordinalmente. Pero las dos primeras del 1º al 10º, por ejemplo día 5º de la 2ª década, mientras que la última se nombraba, en orden inverso, del 10º al 1º. De manera que al primero de la tercera década de un mes le seguiría el primero de la primera del siguiente mes. Pero probablemente este 1º de la 3ª y el 1º de la 1ª del mes siguiente no se repetía siempre, con lo que unos meses resultaban de 30 días y otros de 29 lo que se acomoda mejor al ciclo lunar de las fases. Así vemos en "Las Nubes" de Aristófanes[37] cómo Estrepsíades se lamenta de que en un solo día se junte la luna vieja (último día de las tres décadas) con la luna

[37] v. 1130 y ss.

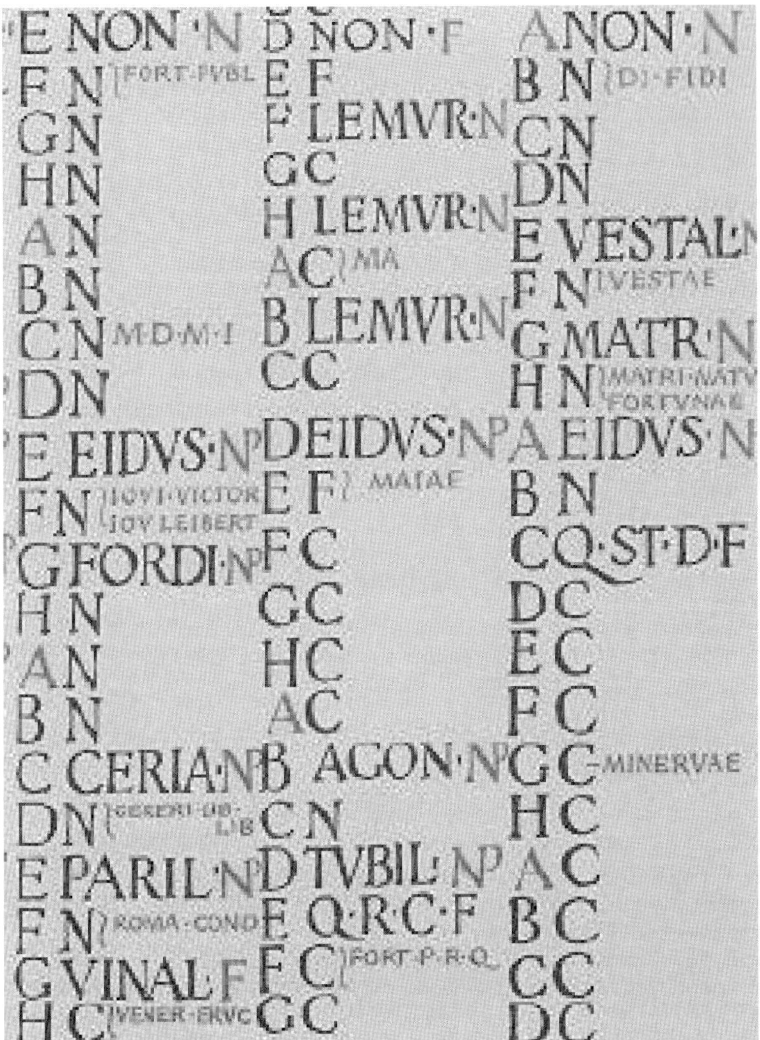

Fig. 15ª En los calendarios antiguos de los Romanos se encuentran escritas las ocho letras de la A a la H que marcan ese periodo de ocho días que llamaron Nundinas

nueva (primero de la primera), como si una mujer pudiese ser joven y vieja a la vez, dice. Aunque su queja se deba más que a un escrúpulo astronómico, al hecho de estar obligado a pagar intereses a sus acreedores a principio de mes. Por otro lado es curioso constatar que esta manera de contar por décadas se conserva actualmente en algunas variantes del calendario chino.

Cuando la Revolución Francesa supuso el triunfo del racionalismo, y se instituyó el discutido sistema métrico decimal, los responsables de la República volvieron a pensar en periodos de diez días, y cada tres periodos podría definirse un mes, que como sabemos renombraron con poéticos nombres, como Vendimiario, Nivoso y otros más. Pero la naturaleza es rebelde y no permitió a los franceses que el número de meses que tenía un año fuese diez, ni que el número de días en el año siguiese una pauta decimal: 100 días, o a lo sumo 400 días, hubiera sido para ellos lo razonable.

No es el momento de explicar el calendario republicano, que como sabemos fue abolido posteriormente por Napoleón. Nosotros pensamos que aunque el sistema decimal es razonable y racional, los hombres no estamos a favor de semanas demasiado largas. No es que precisamente el hombre moderno tenga a gala cumplir el precepto dominical, pero aunque es exagerado hablar de la semana como de ley natural, es cierto que el descanso cada siete días, y mejor si se acompaña de algún día más para poder hablar a la inglesa de "weekend", es algo irrenunciable para nuestra civilización, y no es aventurado decir que algo parecido debió influir en Napoleón para restaurar el calendario gregoriano en Francia.

LA FECHA JULIANA

Después de haber estudiado muchos tipos de calendarios, siempre terminamos por envidiar al descubridor o inventor al que se le ocurrió la formidable idea de que el calendario más simple consistiría en contar sencillamente todos los días de la historia de la humanidad de uno en uno, es decir comenzando el primer día con el 1 y siguiendo la cuenta hasta los millones que hicieran falta para cubrir todos los sucesos históricos. Aunque, como nunca hay nada nuevo bajo el sol, ya vimos que los mayas en su cuenta larga, estuvieron muy cerca de un calendario de estas características. Si se hace del modo indicado, cada fecha estará unívocamente determinada por un solo número, y además los días transcurridos entre dos fechas de cualquier calendario, cuyo cálculo siempre supone una pesadilla, se podrían determinar simplemente con restar dos números. Idea que ha parecido magnífica a los astrónomos para tener a mano un instrumento que permita conocer los días transcurridos de eclipse a eclipse, o entre apariciones de cometas, o de lluvias de aerolitos. Y por ello se utiliza hoy la llamada fecha o data juliana. El único inconveniente, aunque de ligera importancia, es que al ser la fecha juliana en nuestros días un número muy alto es difícil de memorizar. Por ejemplo, en octubre de 2010 se llegó a la fecha juliana de 2.455.500.

En el siglo XVI José Justo Escalígero nos relata en su obra *De emendatione temporis* la idea que ha tenido de establecer un largo periodo que no sólo comprendiese todo los hechos históricos, sino que fuese como la piedra de toque para toda la diversidad de calendarios con los que uno se podía encontrar. Escalígero era hijo de Julio César Escalígero, magnífico príncipe, humanista y poeta del Véneto renacentista. Y lo llamó periodo juliano no tanto por razones de amor filial, como defienden algunos autores, sino, como él mismo precisa, por deferencia al año juliano, que debemos al emperador romano Julio César.

Este periodo de 7980 años tiene la justificación que el mismo Escalígero nos va a explicar en su obra. El problema se redujo a determinar el comienzo de dicho periodo, pero a él le debió parecer estupenda la fecha del lunes 1 de enero de 4713 antes de Cristo (se utiliza 4713 si se tiene en cuenta que el año 0 no existió, pero al hacer cálculos matemáticos e introducir el cero, ese año se toma como el entero negativo -4712). Generalmente se dice que lo hizo por razones religiosas, ya que una lectura literal de la Biblia habría prohibido a Escalígero tomar una fecha anterior. Por otro lado, este origen era suficientemente alejado para que todos los sucesos históricos conocidos tuvieran como fecha juliana un número positivo. Pero la razón verdadera sabemos que es otra, y la explicamos detalladamente en un Apéndice.

Fue en el siglo XIX cuando al astrónomo John Herschel se le ocurre aplicar el calendario de Escalígero, calculando la fecha que resultará de contar de uno en uno todos los días desde ese 1 de enero de 4713 antes de Cristo. Y desde entonces se ha adoptado en astronomía por su enorme utilidad en la datación uniformada de los diferentes eventos.

Este fluir de días perfectamente numerados de uno en uno se ha acomodado de forma que la reforma gregoriana del calendario no le afectase (el salto de 10 días, desde el 4 de octubre de 1582 al 15 del mismo mes y año, no se produce al computar o tener en cuenta la fecha juliana). Es cierto que dicha reforma tuvo algún inconveniente, como el que aunque el primer día juliano se había escogido de forma que fuese lunes, y ello debería llevar consigo que en todos los años cuyo número de Ciclo solar sea el 1, el día 1º de enero debería ser también lunes, a partir de ella ya no sucede. Recordemos que el ciclo de 28 años, en que se repiten los días de la semana para todas las fechas, es el Ciclo Solar y sabemos que cada año tiene asignado un número del 1 al 28.

Y si quisiéramos hacer una crítica de la fecha juliana, tendríamos que decir que es un calendario totalmente aséptico, sin fiestas, domingos, ni celebraciones. Pero ello no anula la utilidad de la fecha juliana en astronomía, pues para la observación o para los eventos astronómicos tampoco existen ni fiestas ni preferencias de calendario.

Resumiendo

Hemos visto una relativa uniformidad del pensamiento del hombre al enfrentarse a los acontecimientos determinados por el sol y por la luna, que fueron bien conocidos por infinidad de pueblos, incluso aquellos que tenemos por poco adelantados. Los diferentes calendarios provienen de la distinta manera de tratar de uniformar lo que la caprichosa naturaleza ha querido que sea desigual e independiente, pues se niega a someterse a los números naturales, que son los que el hombre ha utilizado siempre para contar.

El calendario gregoriano es uno de los mejores, y es el que se emplea en la vida civil del mundo actual. De modo que en un calendario hebreo de los que hoy se editan y manejan en Israel, pueden verse los meses y días gregorianos de la vida civil junto con las cifras hebreas de los días y los nombres del correspondiente mes hebreo. También se puede comprobar que en los periódicos de muchos países musulmanes se da a la vez la fecha islámica y la gregoriana.

Por eso concluimos que es bueno conocer a fondo nuestro calendario, aunque por ser más solar que lunar, arrastra el inconveniente de que no fija los novilunios en el primer día del mes, y por ello se agradecen los que se editan con pequeños dibujos de las fases de la luna. Pero el hecho de que los meses no tengan un número fijo de días o de semanas, determina el que necesitemos tener a mano los calendarios y utilizarlos a menudo. En la vida práctica exigimos en consecuencia la edición de correctos calendarios, disponibles para todos a principios de cada año, o curso escolar[38].

Acabamos aquí nuestro repaso a diferentes calendarios, conscientes de que en nuestro mundo moderno los intríngulis de todos los calendarios tiene para la gente pequeño interés, pues se preocupa más por saber cuándo caen las fiestas, los puentes y los fines de semana, y ello en el caso de que no utilice los recovecos de la cronología para inventar horóscopos y predicciones con los que engañarse a sí misma o, lo que es más triste, para engañar a los demás.

---

[38] Es relativamente sencillo hacer un programa, en Excel, capaz de pasar de la fecha de un calendario a la correspondiente de los otros. Hemos seguido el camino de calcular la fecha juliana a partir de cualquier fecha de uno cualquiera de los calendarios, y por medio de ella se pasa al cálculo de las demás fechas de los demás calendarios.

LA MEDIDA DEL DÍA: LOS RELOJES

INTRODUCCIÓN

Veamos ahora otro modo de medida del tiempo, más relacionada con la técnica, que se realiza con los instrumentos adecuados para tal medida, que son los relojes. Tanto el reloj de sol como el de agua se remontan a los egipcios, siendo más propio de la Edad Media el invento del reloj mecánico y algo posterior el del reloj de arena, que es el que luego ha servido tradicionalmente para simbolizar el paso del tiempo y la caducidad de la vida humana. Aunque parezca mentira, el reloj de arena no es un invento que provenga de las zonas del desierto en que la arena es tan abundante, sino que se inventó ante la necesidad que había en las zonas septentrionales de encontrar un fluido, medidor del paso del tiempo, que no estuviese como el agua sometido a la congelación. Técnicamente se consiguió cuando, por un lado, fue posible encontrar una arena suficientemente fina y desecada y, por otro, se llegó a cierta maestría en el manejo del vidrio, pues se trataba de conseguir ampollas suficientemente selladas y herméticas.

El tiempo fue desde antiguo considerado como un fluir incesante, y no eran pocas las metáforas en que se relacionaba el pasar de la vida con el fluir de los ríos, y eso nos lo señaló muy oportunamente nuestro Jorge Manrique, aunque los orígenes de la metáfora estuviesen en Heráclito. Por eso fue natural que el fluir del agua, continuo e incesante, se tomase como medida del tiempo. Las clepsidras, cuya etimología griega nos remonta al robo o latrocinio de agua, fueron uno de los primeros relojes. Si un depósito se llena de agua y luego se deja fluir su contenido por algún conducto, desde antiguo se ha sabido que el tiempo de vaciado dependía de la cantidad de agua y del caudal de vaciado. Sin embargo no se dejó de advertir que ese caudal no era el mismo al principio, más abundante, que cuando quedaba poco agua en el depósito, en que era más escueto. Para solventar esta dificultad en lugar de depósitos cilíndricos se utilizaron algunos en forma de tronco de cono invertido, con lo que se conseguía un caudal de salida más uniforme. Para indicar el paso de las horas se trazaban señales convenientes que estaban o bien en el depósito de partida o bien en el receptáculo del agua. Una boya flotante con una aguja indicadora podía marcar la línea de las horas pertinente. Algunos relojes de agua fueron más complejos, porque la diferencia de niveles se señalaba por medio de artificios mecánicos unidos a la boya.

Ya hemos indicado que si el elemento que fluía no era agua sino fina arena se podría contabilizar el tiempo de vaciado de la cápsula superior en la inferior, incluso en los climas rigurosamente fríos de los países del norte de Europa. Los relojes de arena no son tan antiguos como los de agua, y aunque parece ser que se conocieron en Europa ya en el siglo XIV, no se popularizaron hasta el siglo XVII, y en éste y el siglo siguiente se utilizaron frecuentemente, tanto para indicar la duración de los alegatos en los juicios orales, como para indicar a los predicadores que debían someterse a prédicas y sermones de tiempo razonable. En efecto muchos predicadores los tenían en el púlpito y sabían que si la parte superior del reloj se había vaciado, se exponían al cuchicheo e intranquilidad de sus fieles oyentes.

En cuanto a los relojes de candela no hay que decir mucho más sino que el consumo de la cera era proporcional al tiempo transcurrido. Rayas indicadoras podían dar una estimación razonable del mismo. Por otro lado eran absolutamente imprescindibles cuando se quería medir el tiempo durante las vigilias nocturnas, en que el reloj de sol es inútil y no se disponía de relojes de agua.

RELOJES MECÁNICOS

Otro capítulo lo abrió el reloj mecánico. No es casual que el desarrollo del mismo estuviese unido por una parte al progreso de la técnica siderúrgica, progreso que se impuso por el uso del cañón tras la invención de la pólvora, y por otra a los avances en la ingeniería de los molinos, con sus ruedas, álabes y reguladores de movimiento. También conviene tener en cuenta que el uso de horas astronómicas iguales, que luego definiremos,

Fig. 16ª Esta fotografía nos muestra la incipiente maquinaria de engranajes de un artefacto antiguo, que prácticamente es como las de los relojes de torre medievales. Se diferencia de un reloj en que la esfera de éste es un astrolabio, planetario plano que sirve para conocer la configuración de la bóveda celeste a lo largo de las horas del día.

se hizo imprescindible en la introducción del reloj mecánico en todos los niveles sociales. Por eso existe una cierta conexión entre el conocimiento e invención de las horas iguales, que pertenece a la Edad Media, y el invento del reloj mecánico, en el que el problema principal a resolver no fue tanto el movimiento de las ruedas que con su girar simulase el paso de las horas, lo cual se podía conseguir con cuerdas arrolladas a los ejes de las que colgase un gran peso, cuanto en hacer regulares esos giros. El escape de la rueda del reloj es el avance fundamental en esta tecnología, a la que luego se añadiría el artificio del péndulo cuando Galileo y Huygens descubrieron su isócrono movimiento. Como luego veremos al hablar de la ecuación del tiempo, la regularidad de los relojes no se conforma con los movimientos menos regulares del sol en la bóveda. Por eso es curioso que a los primeros relojes mecánicos de mesa del siglo XVIII acompañaba una tabla de la corrección que había que hacer, sobre la mecánica y regular hora del reloj, para ajustarla a la hora solar.

Nos queda constancia de los relojes mecánicos más antiguos en los de las torres de las iglesias, y desde el punto de vista de la constatación documental, la tenemos de los relojes celebérrimos de Robert de Wallingford en Saint Albans, el Verulamio de los romanos, y del de Giovanni de Dondi en Génova. El reloj de Wallingford fue más bien un planetario, ya que con sus esferas se trató de representar el movimiento de los diversos planetas en la esfera celeste. También se tiene noticia de otros relojes mecánicos en la Europa del siglo XIV, como el construido por G. Zelandino en 1335 para la capilla de San Gotardo de Milán o el de la catedral de Saint Paul en Southwark (Inglaterra).

De los reinos de Castilla o de León tenemos noticia de un reloj mecánico colocado en 1366 en la Catedral de Toledo y que se atribuye al platero Gonzalo Pérez. El historiador que intenta profundizar en este asunto se encuentra con que la atribución de primer reloj mecánico se hace a iglesias de Francia, Italia o Inglaterra según sea la nacionalidad del narrador. No hemos visto lo mismo en papeles castellanos. La tradicional oposición del hidalgo castellano al trabajo manual, tenido por servil, podría explicar, según algunos, esta falta de orgullo «chauvinista» en nuestras tierras.

Sin embargo queremos mencionar aquí la descripción que se hace, en *Los Libros del Saber de Astronomía* de nuestro rey Alfonso X, de varios relojes, y que termina con el llamado Palacio de las Horas. Puede verse la edición que de dichos libros se llevó a cabo en el siglo XIX, gracias al «individuo numerario de la Academia de Ciencias Exactas, Físicas y Naturales», Don Manuel Rico y Sinobas. Aparte de un reloj solar de horas planetarias, se describen otros relojes[39]: «fundados –nos dice- en el estudio de un libro que, según aquel rey, dejó escrito Iran o Hieron[40] el filósofo antiguo, sobre "el arte y los artificios para alçar las cosas pessadas mas fácilmente". Además, que si se labraron en Toledo los relogios del argento uiuo... dichos mecanismos, en lugar de tener cierta semblanza mecánica con los molinos de viento conocidos durante las Cruzadas, la tuvieron con el

---

[39] Libros del Saber de Astronomía, t. IV, en la Introducción que viene sin numerar.

[40] Se refiere al filósofo de la naturaleza Herón, llamado el Viejo, matemático y mecánico griego, nacido en Alejandría en el siglo I antes de Cristo.

artificio árabe llamado en España la ñora[41].» Tenemos que añadir sin embargo que la descripción del reloj de candela, al que se añaden artificios mecánicos, o el de mercurio (plata viva) de *Los Libros del Saber* parece más teórica que práctica, y no abundan ni autores ni documentos que apoyen la tesis de que tales relojes llegaran a fabricarse realmente en Toledo, conforme a las reglas que tan perfectamente se describen en aquellos libros.

LA LONGITUD GEOGRÁFICA

Ya dijimos en la Introducción que no hablaríamos de todo el desarrollo de la horología, pero sí queremos aquí dejar constancia de un problema clásico que los relojes mecánicos ayudaron a resolver. Se trata de la determinación de la longitud geográfica. Se sabe desde antiguo que la latitud, distancia angular desde el ecuador de la Tierra a un punto concreto coincide con la altura del Polo norte sobre el horizonte, y por tanto, que bastaba medir con exactitud la altura de la estrella polar para, con ligeras correcciones, tener la latitud geográfica del lugar. Pero para la medida de la longitud, distancia angular entre el meridiano del lugar y un meridiano de origen, no se había encontrado, cuando comienza la navegación atlántica de altura, ni instrumento directo, ni procedimiento para lograrlo. El gravísimo problema, por tanto, que para los navegantes se planteaba era la imposibilidad de conocer la posición exacta del barco, con el peligro de encontrarse con escollos y arrecifes, y el no menos real de la posibilidad de un naufragio. En el tomo III de la obra *Historia de la ciencia y de la técnica en la Corona de Castilla,* Isabel Vicente nos habla de esta dificultad y de los doce procedimientos de solución que Alonso de Santa Cruz, cosmógrafo de Felipe II, había recogido en su *Libro de las longitudes.* También nos dice que tanto Felipe II como su hijo Felipe III, instituyeron premios para quien aportase soluciones a tan importante conflicto.

Parece ser que hasta el mismo Galileo pensó en el problema y optó al premio, intentando conseguir la solución mediante la medida de la paralaje de los eclipses de luna, pues el punto de vista del eclipse variaba con la longitud geográfica. Algún siglo más tarde astrónomos de la talla de Halley, propugnaban la posibilidad de determinar la longitud conociendo los tiempos de los eclipses de los satélites de Júpiter medidos en el meridiano de origen, y comparando los tiempos observados en otros meridianos para de ello inferir la longitud geográfica. Pero esto significaba no sólo el inconveniente de tener que realizar un cálculo preciso de todos esos eventos o efemérides, sino sobre todo la dificultad de hacer medidas astronómicas exactas, y de precisar el tiempo, desde la cubierta de los

[41] Se trata de la noria.

barcos zarandeados por las olas, o en los momentos en que las nubes cubrían el cielo.

Desde cualquier lugar es posible localizar el meridiano local, sin más que precisar aquél en el que el sol alcanza su culminación diaria. Precisamente la longitud no es sino la distancia geométrica entre dos meridianos, medida en el ecuador y expresada en grados. El problema lo tuvieron los navegantes en la edad de oro de la navegación atlántica, culminada por españoles y portugueses, porque ni se desplazaban por el ecuador terrestre ni tenían medidas fiables de la distancia recorrida, por lo que establecían «a estima» su posición en el mar. En el siglo XVIII, época brillante de las Academias científicas, se instituyeron también premios para quien solventase el problema. Por entonces ya era claro, y de ello también se había hecho eco Alonso de Santa Cruz, considerándolo el mejor procedimiento, que si se tenía a bordo un reloj con la hora local del meridiano cero y otro con la hora local del meridiano del lugar, la comparación de horas daría la dichosa longitud, pues se sabía que 360° del círculo ecuatorial equivalían en el reloj a 24 horas, cada grado de arco a 4 minutos de tiempo, y cada minuto de tiempo a 15 minutos de arco.

Pero la dificultad de los relojes mecánicos de entonces, de los cuales los más adelantados eran los de péndulo, consistía en mantenerlos en funcionamiento a pesar de las vicisitudes e inconvenientes de los movimientos de las olas del mar, y de los extremados cambios de temperatura durante el viaje. El problema se resolvió cuando se consiguieron cronómetros de resorte fiables y precisos, capaces de mantener una alta precisión en un viaje de vuelta al mundo, condición impuesta por la Royal Society, para la obtención del premio. Fue el relojero John Harrison quien consiguió la hazaña bien entrado el siglo XVIII, aunque para el cobro del premio, prometido en 1714, la Royal Society se mostrase bastante reticente.

El reloj mecánico de resorte con su mecanismo de escape fue el invento fundamental para dicho logro, y el que nosotros no queramos profundizar, por falta de especialización, en su descripción no nos exime de resaltar aquí su importancia, y también queremos añadir que la palabra cronómetro, de clara etimología, y que hemos utilizado porque todo el mundo conoce su significado, es un neologismo introducido precisamente en este siglo XVIII cuando se intentan conseguir los relojes exactos, precisos y fiables, necesarios para resolver el gran problema de la navegación de altura.

RELOJES DE SOL

UN POCO DE HISTORIA

Vamos a centrarnos ahora en el estudio de los relojes de sol, o «sciathericos». Es decir aquellos que aprovechan la sombra cambiante de un estilete para medir el paso del tiempo. Cuando se rastrea la historia de los relojes de sol desde la antigüedad más remota, nos encontramos también ante un problema ligado a la historia de la astronomía. Se cree que los egipcios ya conocían, desde hace más de cuatro mil años, el gnomon, instrumento que no era sino un sencillo bastón cuya sombra móvil indicaba el transcurrir del tiempo durante el día. A los egipcios perteneció uno de los relojes de sol más antiguos que se conservan, y que data del siglo VIII antes de Cristo. Es de esquisto verde, y consiste en una base horizontal en que hay señaladas seis líneas paralelas, y una cruz en un extremo. El reloj se colocaba por la mañana con la cruz mirando al Este, estando las rayas hacia el Oeste. La sombra de la cruz va moviéndose por las rayas a lo largo del día y éstas señalaban las horas transcurridas. Al pasar el mediodía se cambiaba la orientación del reloj, procurando a partir de ese momento que la cruz mirase al Oeste, con lo que la sombra se movería en la otra dirección.

Todos los relojes, tanto los antiguos como los modernos, que llamamos de sol y que más propiamente deberían llamarse relojes de sombra, consisten en general en un bastoncillo o estilete, llamado también gnomon, y una superficie en que vienen indicadas las diferentes líneas horarias. Esa superficie puede ser curva de muchos tipos: semiesférica o cilíndrica, y tanto cóncava como convexa, pero si es plana se suele llamar cuadrante. Cuando la sombra del estilete está sobre alguna de aquellas líneas, convenientemente numerada, se puede saber la hora qué es. Al fin y al cabo la sombra móvil del gnomon nos indica el movimiento del sol en la bóveda, movimiento que, por su aparente regularidad, la humanidad ha considerado siempre, y de hecho lo seguimos haciendo, como un reloj universal.

Relojes de sol en mejor o peor estado de conservación se pueden observar en todas las latitudes, y no deja de ser paradójico que en España los hay numerosos en Galicia, que en principio pensamos menos soleada, aunque también los podemos ver en todo el Levante español. En Francia e Italia abundan, y los hay muy bellos, y de los de Inglaterra y otras partes de Europa, se puede decir que están perfectamente cuidados y conservados. Desgraciadamente no podemos decir lo mismo de los relojes de sol, salvo excepciones, que se ven en España, cuyo estado de conservación, a veces su colocación y otras, el cuidado que se les dedica, son muy deficientes.

Fig 17ª Este reloj de sol de horas iguales, astronómicas, se encuentra en el tapial de la Iglesia de Salvatierra, un pequeño pueblo salmantino a orillas del Pantano de Santa Teresa, de la cuenca del Tormes. Es de suma sencillez, probablemente del siglo XVIII, y como casi todos los de esa época dan la hora solar local, lo que quiere decir que no están corregidos en longitud. Es meridional aun cuando el tapial sea ligeramente declinante. La fotografía es de J. M. Beltrán Sandoval.

Los relojes de sol planos pueden ser horizontales, cuyo cuadrante es paralelo al suelo, o bien tienen cierta inclinación, y son los relojes inclinantes. Serán verticales los que adoptan tal posición por estar en general adosados a fachadas y paredes, y de éstos unos están orientados al sur, y son meridionales, y otros más o menos orientados al este o al oeste, que se llaman declinantes. Sin embargo era práctica común colocar relojes meridionales, es decir no declinantes, en paredes declinantes. Por ello se colocaban de forma que su cuadrante mirase al Sur, sobresaliendo de alguna manera de la fachada que no miraba al mediodía. Ello se hacía por la mayor facilidad de diseño del reloj meridional frente al declinante.

No hay inconveniente en que un reloj solar plano sea a la vez declinante e inclinante, porque en cualquier superficie colocada en cualquier forma, un gnomon nos dará en alguna hora de alguna época del año la correspondiente sombra. En alguna pintura flamenca de Holbein se pueden observar relojes de sol realizados sobre las caras de un dodecaedro, superficie que desde este punto de vista será a la vez declinante e inclinante.

Horas iguales y desiguales

Antes de seguir con la descripción de los diferentes relojes de sol, hemos de decir que puede haber diversas clases de horas, o divisiones fundamentales del día. Y si las horas se pueden definir según diferentes posibilidades, es lógico que nos encontremos con diferentes relojes de sol, según las horas a que se refieran, como luego veremos. Vamos por ahora a considerar, siguiendo en esto a Clavio en su enciclopédica obra sobre relojes de sol llamada *Gnomonices*, que recoge a finales del siglo XVI todo el saber sobre relojes de sol, o a cualquiera de los autores de Gnomónica de los siglos XVI al XVIII, las diferentes posibilidades de dividir el día.

El día puede dividirse en 24 partes, que llamaremos horas, o en otro cualquier número de ellas, pero partiremos del supuesto de que se divide en 24. Y esto es consecuencia del sistema sexagesimal que hemos heredado de los babilonios. Si tomamos como referencia para el inicio del día, el paso del sol por el meridiano local, es decir el círculo máximo de la bóveda en el que se encuentran el zenit, punto de la bóveda que está justamente sobre la cabeza del observador, y el polo norte, cercano a la estrella Polar, y dividimos el día en 24 horas iguales, tendremos las horas astronómicas. Todas ellas serán iguales entre sí, tanto de día como de noche, tanto en verano como en invierno. El día comienza y termina al paso del sol por el meridiano superior o inferior. En lenguaje de hoy diremos que el día puede comenzar a nuestro mediodía, que es como se cuenta a veces en Astronomía y en concreto si se utiliza la fecha juliana de Escalígero, o bien a nuestra medianoche, cuando el sol está en la parte inferior del meridiano, como sucede en el horario civil oficial.

Si las horas de luz las dividimos en doce horas iguales entre sí, y las nocturnas en otras doce, distintas de aquéllas pero también iguales entre ellas, tendremos las horas que se llaman planetarias, porque al parecer los romanos dedicaban cada hora a un dios o concretamente al planeta que lo representaba. Estas horas obviamente no son las mismas todos los días del año, pues en nuestras latitudes los días son largos y las noches cortas en verano, y en invierno sucede al contrario. Por eso las suelen llamar horas desiguales o temporarias. De este tipo desigual eran las que usaban los romanos, aunque no fuesen doce las divisiones que empleaban. Recordemos que los romanos comenzaban con la hora prima, que se originaba al amanecer, a ésta le seguía la hora tercia, y a ella la hora sexta que se iniciaba justamente a mediodía. La hora nona la constituía el tiempo anterior al crepúsculo. Por otro lado, la noche la dividían en vigilias que naturalmente eran también iguales si se comparaban entre ellas y distintas de las horas diurnas según fuese la estación del año. La Iglesia tomó la misma nomenclatura para nombrar algunas horas canónicas.

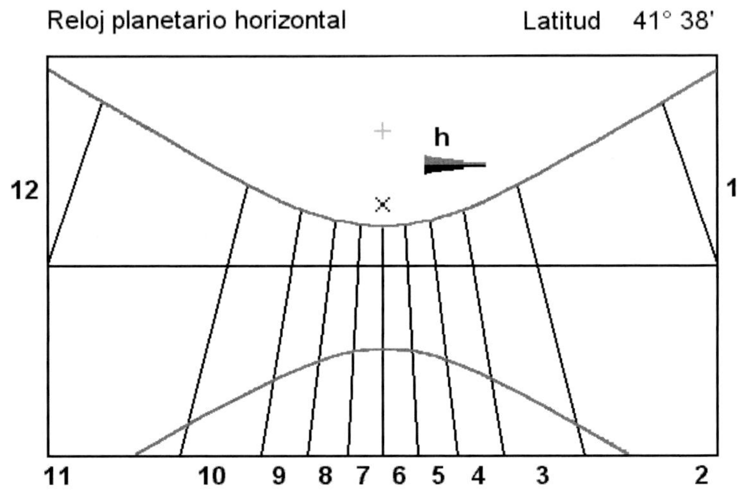

Fig. 18ª Un reloj de sol de horas planetarias estará diseñado de forma que el tiempo desde el orto del sol hasta el ocaso esté dividido durante todo el año en 12 partes, u horas, todas ellas iguales entre sí. Pero como las horas nocturnas también se dividían en 12 partes iguales entre sí, durante la mayor parte del año (excepto en los equinoccios) las horas diurnas y nocturnas no eran iguales, y por eso se habla de horas desiguales cuando se trata de horas planetarias. En el dibujo se numeran los intervalos en lugar de las horas en punto, tal como se solía hacer en la época. El gnomon irá colocado sobre el aspa y perpendicular al cuadrante.

Si el día está dividido en 24 horas, aunque contando de manera que el día comience en la salida del sol por el horizonte y termine en la salida del día siguiente; o también desde un ocaso hasta el próximo, tendremos en el primer caso las horas babilónicas, y en el segundo las itálicas, que también se llamaron atenienses. Las babilónicas se llamaron así a partir de Plinio y Macrobio, que dijeron, sin demasiado fundamento, que por ellas se regían los babilonios. Pero no estamos seguros de que los babilonios así lo hiciesen, pues lo único seguro, como aparece del estudio de tablillas cuneiformes, entre ellas una famosa llamada Mul Apin, del 700 a. C., es que conocían también el gnomon y dividían en doce partes el transcurso de la luz diurna. Tampoco Herodoto nos aclara si utilizaron dichas horas, pues dice sin más que el gnomon y las 12 partes del día lo aprendieron los griegos de los babilonios.

De no existir el problema de las estaciones, es decir el hecho de que la declinación del sol varía a lo largo del año, y por tanto no son siempre las mismas las horas de luz o las nocturnas, estas horas, babilónicas o itálicas, serían en magnitud exactamente iguales a las astronómicas, que son las que se medirán mediante el paso del sol por cada meridiano local. Pero como, a nuestras latitudes, la salida del sol se realiza uno, o unos minutos, antes cada día cuando la declinación del astro crece, es decir cuando vamos hacia el verano, y unos minutos después cuando su declinación disminuye, las horas babilónicas son diferentes de las horas astronómicas. Y semejantemente les sucede a las horas itálicas. Es interesante saber que este cómputo del tiempo y tipo de horas, las babilónicas, se usaba en las Islas Baleares, conforme al testimonio de Clavio, en el siglo XVI, y conforme al de Maignan, discípulo de Mersenne, incluso en el siglo XVII. Mientras que en Italia se han regido por las horas itálicas hasta el siglo XVIII. Así en la Basílica de S. Petronio en Bolonia se puede admirar la Meridiana de Cassini en la que, entre otras cosas, se indican claramente dichas horas. Esclarezcamos que una meridiana no es más que una línea trazada en el suelo, o en una pared, sobre el meridiano local. Como solían estar en sitios cerrados, se hacía llegar un rayo de sol desde una pequeña ventana en el techo. La luminosa mancha del rayo de sol, cambiante con las estaciones, tendría que marcar la época del año si la meridiana estaba bien diseñada. En la actualidad sirve también para comprobar sobre el terreno la ecuación del tiempo, porque la mancha del sol debería cruzar la meridiana justamente a mediodía civil. Ello no sucede así y se puede verificar a lo largo del año la diferencia entre la hora solar del mediodía y la hora oficial del mismo.

Hay autores del siglo XVI, como Sebastián Münster, que nos dicen que en Bohemia se utilizaban las horas que aquí llamamos babilónicas, aunque Clavio afirma que en dicha región se utilizaban más bien las llamadas itálicas, o referidas a la puesta del sol. Pero no queremos detenernos en estas discrepancias, sino más bien recordar que, según es tradicional en todos los tratados de los siglos XVI al XVIII, en los que se acostumbra a diseñar relojes de sol, y en los que se sigue invariablemente el método recogido por Clavio, el diseño se hace no sólo para las acostumbradas horas astronómicas, sino también para las planetarias y babilónicas. Aunque, como cualquiera puede advertir, cuando en un solo reloj se pretende representar todas ellas juntas, deja de ser útil ante la confusión de rayas que representan cada una de dichas horas.

Así en la *Horologio-graphia* de Münster aparece un reloj de sol, que como se dice en su rótulo es vertical, y consta de cuatro tipos de horas: horas iguales, refiriéndose a las astronómicas, que se señalan en números romanos en una orla que rodea al reloj, y también desiguales, y entre ellas las planetarias, las que él llama bohémicas, y nosotros babilónicas, y por último las itálicas. Se ven también diferentes trayectorias solares en las que vienen indicados los signos del Zodiaco. Añade una novedad frente a otros diseños y es que se inscriben las horas de insolación en cada época del año. Sin embargo el diseño tiene el inconveniente de que hay que ser muy experto para distinguir las diferentes clases de hora, y el de que tampoco nos dice el tamaño y posición del gnomon. Nosotros lo pondríamos en el centro de la cara del sol dibujada, y hemos calculado que la latitud del lugar debe ser de 47° 33', que corresponde a la ciudad de Basilea, donde está editado el libro, por lo que la longitud del gnomon se determinará conforme a la explicación que damos en el Apéndice matemático.

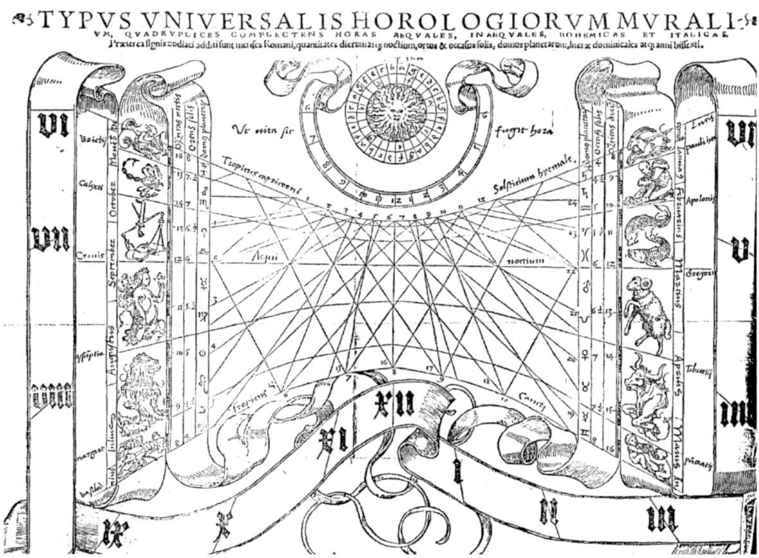

Fig. 19ª Este reloj que aparece en el libro de Sebastian Münster incluye las líneas horarias astronómicas, planetarias, bohémicas e itálicas, y por ello ilustra el hecho de que los relojes de sol pueden ser de muy complicada interpretación.

Queremos *añadir* que los relojes de horas babilónicas, también tienen sus cuadrantes y sus líneas horarias, y pueden ser curvos o también planos en cuyo caso pueden ser también horizontales, y así es el del palacio de Topkapi en Estambul, o verticales como el que existe en el patio del Hospital de Inválidos de París, o en el Monasterio del Paular que es vertical y, a la vez, declinante. En los tres vienen indicadas, además de las babilónicas, las horas itálicas, simétricas a las anteriores y que nos dicen o bien las que faltan para la puesta del sol o, en otros casos, las transcurridas desde el último ocaso.

No podemos dejar de mencionar aquí al marroquí Abu al-Hasan Ali, del siglo XIII, a quien se atribuye el haber introducido, al menos con propósitos astronómicos, las horas iguales o astronómicas que hoy utilizamos. Hasta él, y mucho después, se usaron las desiguales o temporarias, como se puede ver en una gran mayoría de astrolabios, de los que se sirvieron en el mundo árabe. En consecuencia, aunque los relojes de horas planetarias provienen, por medio de los árabes, de la tradición griega, recibida a su vez de la babilónica y egipcia, los relojes de sol convencionales se difunden después del siglo XIV, y podemos decir que la literatura sobre ellos florece en el siglo XVI, aunque nosotros no podemos olvidar que, en España, Alfonso X ya había editado Los cinco *Libros de los Relogios* a que hicimos referencia más arriba, donde podemos constatar que el reloj sciatherico que describe no es de horas astronómicas sino planetarias.

Para terminar deberemos decir que el dividir el día completo en 24 horas iguales se fue imponiendo, como es lógico, con el avance de los relojes mecánicos de los que antes hemos hablado, porque éstos desde el principio se utilizaron para medir horas iguales. Quizá podríamos hablar aquí de la interrelación que ha ligado siempre el avance científico, la instauración de horas iguales astronómicas en nuestro caso, con la técnica, el progreso de los relojes mecánicos. Y por otro lado, de la sorpresa que supuso el ver que las medidas de las horas por medio de la sombra, que indicaban el aparente movimiento uniforme del sol en la bóveda, no se compaginaban totalmente con las horas del reloj mecánico, lo cual llevó a otro descubrimiento, o al menos confirmación científica, como es la irregularidad de ese movimiento solar, especificada por la ecuación del tiempo, de la que luego hablaremos.

MAPAS SOLARES

Para entender a fondo los relojes de sol es imprescindible hablar primero de los mapas solares. Debemos saber que el estudio y trazado de los mapas geográficos no es otra cosa que un problema de proyección, sobre el plano del papel, de la figura espacial delimitada sobre la esfera terrestre. Y si se trata de mapas estelares, de la proyección correspondiente de la bóveda del cielo. Los llamados mapas solares proporcionan por su parte la posición del sol en cada momento y por tanto no sólo la proyección de las trayectorias del sol en la bóveda celeste a lo largo de los diferentes días del año sino también la de los meridianos que señalan la posición del sol a cada hora del día. La utilidad de estos mapas es patente si queremos conocer la insolación o soleamiento de un cierto lugar, tanto en orden a un posible aprovechamiento de la energía solar, como para una correcta distribución de espacios soleados o sombreados, cuando de arquitectura o de urbanismo se trata[42].

En la bóveda celeste el sol se mantiene todo el año dentro de la zona llamada zodiacal, que contiene las doce famosas constelaciones. Cada día la bóveda realiza un giro alrededor del eje polar, y se puede considerar en primera aproximación que el sol se mantiene, cada día, en el mismo paralelo, pasando a otro paralelo al día siguiente. Este movimiento del sol es el que se ha detectado desde los tiempos más remotos cuando se observa la posición del sol en el horizonte al orto y al ocaso de todas las épocas del año. Los paralelos que limitan la zona zodiacal son los trópicos de Cáncer y de Capricornio. En ellos se encuentra el sol en los respectivos solsticios, en los que el sol, que había avanzado por el horizonte día a día, se para y retorna otra vez en busca del otro trópico. El sol, por otro lado se encuentra en el ecuador los días correspondientes a los equinoccios. Los trópicos y el ecuador son lo que consideraremos como las tres principales trayectorias solares.

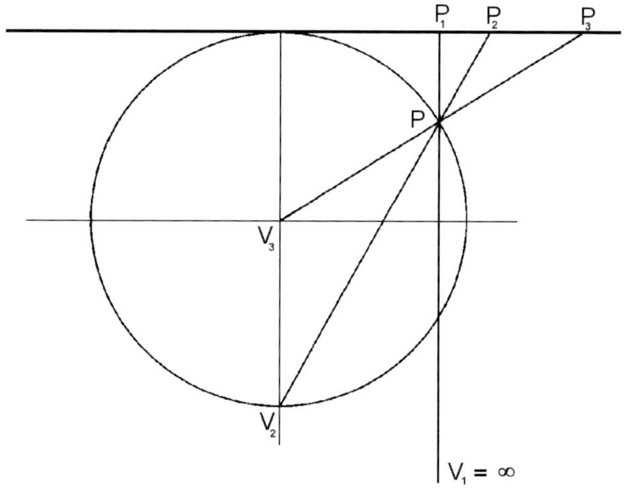

Fig. 20ª Las tres principales proyecciones en el plano son la ortográfica, la estereográfica y la gnomónica. Y dependen naturalmente del punto de vista. Se señalan el punto de vista V_1 de la ortográfica, el V_2 de la estereográfica y el V_3 de la gnomónica.

[42] Tenemos que lamentar el poco cuidado que en general los arquitectos ponen en la orientación de las casas y paramentos para aprovechar o, en su caso, evitar el soleamiento de los edificios.

Volviendo a las proyecciones, generadoras de los mapas, las más conocidas son las proyecciones planas y las más usadas son la ortográfica, la estereográfica y la gnomónica. Se diferencian en el punto de vista de la proyección. Todo punto de la superficie de la esfera nos dará en cada proyección un punto diferente de un plano tangente a la esfera. La proyección ortográfica, con punto de vista en el infinito, es la que hace más comprensible la disposición espacial de los puntos de la esfera, como se puede comprobar en la figura 24. La estereográfica es una proyección conforme, que proyecta circunferencias en circunferencias, aunque sin conservar la semejanza de otras figuras. Su punto de vista es el polo opuesto de la esfera. Se utilizó para los astrolabios. La gnomónica es la que se ha utilizado desde antiguo para diseñar los relojes de sol. Su punto de vista es el centro de la esfera.

Puede haber proyecciones no planas, y de hecho existen mapas solares y relojes de sol sobre superficies curvas. Por eso sobre un cilindro, o sobre un cono, puede conseguirse también la proyección de los puntos de la esfera, pero para obtener el mapa se desenrolla el cilindro o el cono sobre el plano, sin que este último paso sea una auténtica proyección.

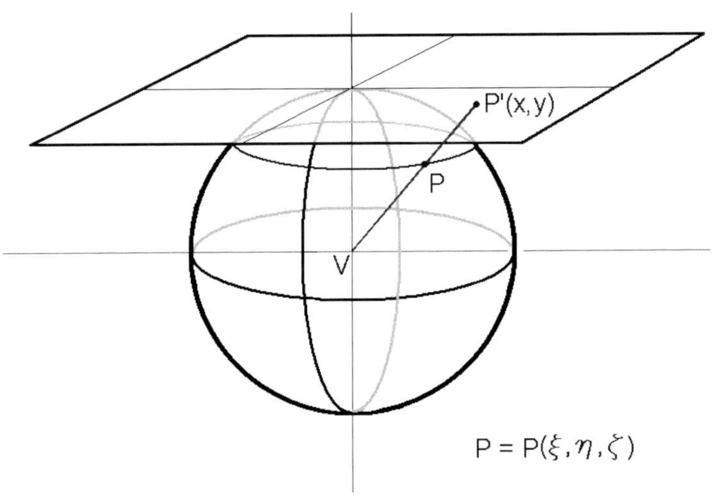

Fig. 21ª La proyección gnomónica es la más importante desde el punto de vista de la horografía. El punto de vista u origen de la proyección es el centro de la esfera. El plano de proyección podrá ser tangente a cualquier punto de la esfera. Generalmente se toma el plano en el polo superior.

Combinando la proyección de las trayectorias solares con la proyección de los meridianos, líneas que indican las horas, tendremos en cierta manera un reloj de sol, en cualquiera de las proyecciones que se utilice. Por eso el estudio geométrico de los mapas solares lleva al estudio analítico de los relojes solares, lo que permite elaborar programas de computadora[43] para el diseño de tales relojes en diversas latitudes y en distintas posiciones, programas que, en muchos casos, pueden sustituir ventajosamente a los procedimientos clásicos de utilización de regla y compás.

De las proyecciones planas mencionadas antes, la que nos remite a los relojes de sol comunes es precisamente la gnomónica, como ya hemos dicho. Ésta consiste en tomar como punto de vista, el centro de la esfera, y considerar tangente a la esfera el plano de proyección, por ejemplo en el polo superior, tomando el radio de la esfera como unidad.

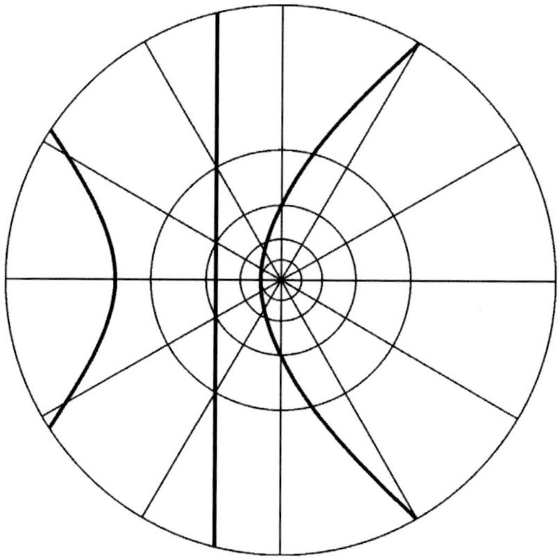

Fig. 22ª El zenit está proyectado en el centro del mapa gnomónico, y las almicantaradas, como circunferencias centradas en el zenit. El ecuador celestial es una recta paralela al eje *y*. Los trópicos son en el plano gnomónico las dos ramas de una hipérbola. Aquí está dibujado el mapa para la latitud φ= 40°. Se puede observar que el sol nunca es zenital a dicha latitud.

[43] Preferimos esta palabra a ordenador, no por utilizar un anglicismo, sino precisamente para reivindicar la antigua y castellana palabra "cómputo", tan utilizada en el recuento de los años.

En el caso de la bóveda celeste, si se toma como plano principal el horizonte, el polo superior será el zenit, y el plano de proyección será, en este caso, tangente al zenit, y paralelo al horizonte. Desde el punto de vista analítico es posible expresar las tres coordenadas esféricas (ξ, η, ζ) de un punto de la superficie esférica en función de las coordenadas (x, y) del punto del plano de proyección, y viceversa, tal como explicamos en el Apéndice Matemático. No es difícil demostrar, como allí podrá verse, que en esta proyección las circunferencias trazadas por los planos que pasan por el centro de la esfera, es decir los llamados círculos máximos, se proyectan siempre como rectas, mientras que las debidas a círculos menores se proyectan como cónicas, es decir circunferencias, elipses, parábolas o hipérbolas.

Los mapas solares, en la proyección gnomónica descrita, tendrán la siguiente configuración: En el centro aparecerá la proyección del zenit, de coordenadas (0,0). El meridiano local se toma como *eje x*. Para una determinada latitud φ, tendremos el polo norte proyectado como un punto del meridiano a una distancia positiva igual a la cotangente de la latitud, o sea $x = \cot\varphi$; mientras que el ecuador se proyectará como una recta paralela al *eje y*, colocada a una distancia negativa $x = -\tan\varphi$. Notemos por tanto la importancia de la latitud en el diseño de los mapas solares, porque para cada latitud tendremos un mapa solar distinto. Vemos también, con lo dicho, que el ecuador celestial, que es circunferencia máxima, queda proyectado como una recta, mientras que los trópicos constituyen en la proyección las dos ramas de una hipérbola.

Trayectorias solares y líneas horarias

Trayectorias solares son las líneas que indican la posición del sol a lo largo de las horas del día. Naturalmente cada día el sol tiene su propia trayectoria, pero en general en los mapas solares aparecen solamente algunas. Como el ecuador es la trayectoria del sol sobre la bóveda en la época de los equinoccios, ya tenemos proyectada en el plano una de las trayectorias solares que nos interesan, es decir la recta de ecuación $x = -\tan\varphi$. Las otras dos serán las proyecciones de los trópicos, ya que en ellos se encuentra el sol en cada uno de los solsticios, y en el plano de proyección dichas trayectorias serán, como demostraremos más adelante, las dos ramas de una hipérbola, cuyo eje en general no coincide con la recta que representa el ecuador.

Por otro lado, se sabe que la hora solar no es la misma en todas las partes del mundo, y ni siquiera en toda España, y todos sabemos además que, en la cuestión de la medida del tiempo, es fundamental la posición del sol en la esfera celeste. Como la esfera terrestre da una vuelta sobre su eje en unas 24 horas aproximadamente, la longitud geográfica de la Tierra se puede dividir en husos horarios de 15°, correspondientes cada uno a una hora de reloj. Los meridianos de los lugares cuya longitud responde a esa división serán cruzados por el sol hora tras hora, a lo que en principio llamaríamos el mediodía de cada lugar[44], si no fuera por las correcciones que impone la hora civil.

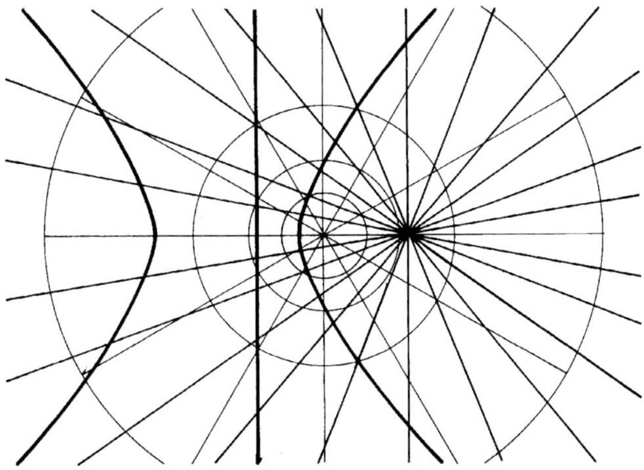

Fig. 23ª Los meridianos son también círculos máximos. Las rectas proyección de los mismos, que serán las líneas horarias, pasan todos ellas, como es lógico, por la proyección del polo norte (P.N.), que está a la distancia x = cot φ, si se supone que el radio de la esfera es la unidad. Cada mapa gnomónico es por tanto diferente en función de la latitud del lugar. La latitud es también ahora $\varphi = 40°$

Todos los meridianos, tanto geográficos como astronómicos, pasan por el polo norte, y si se realiza la proyección de los mismos sobre el mapa solar plano, tendremos indicadas sobre éste las llamadas líneas horarias. En la proyección gnomónica serán líneas rectas, pues los meridianos son ciertamente círculos máximos de la esfera celeste. Para cada latitud estas líneas aparecerán en el mapa gnomónico a diferentes ángulos relativos, ya que aunque los meridianos de los husos estén entre sí a 15°, las líneas horarias, proyección de los mismos, no conservarán entre ellas un ángulo constante. A una determinada latitud, las correspondientes líneas del mapa nos permitirán saber la hora de paso del sol por cada uno de esos 24 meridianos de la tierra.

44 Meridiano viene de «meridies» que significa en latín mediodía.

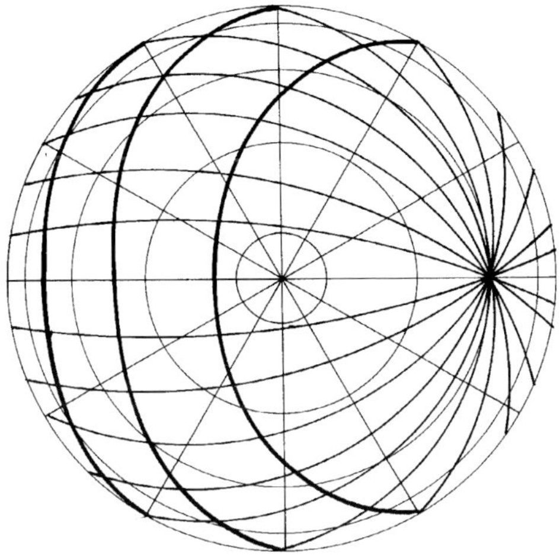

Fig. 24ª Si se trazasen 24 meridianos se delimitarían en la esfera los llamados husos horarios, ya que el sol tarda una hora en recorrer cada huso de 15°. Aquí aparece un mapa de proyección ortográfica con los meridianos que delimitan los husos. Corresponde a una latitud de 40°, y se ve la diferencia de aspecto con la proyección gnomónica. Las trayectorias solares son aquí arcos de elipse.

RELOJES HORIZONTALES Y VERTICALES

Tiene que quedar claro que los relojes de sol son mapas gnomónicos, con tal de que se considere la punta del gnomon, es decir la de la parte libre del mismo, como centro de la bóveda celeste, y por lo mismo como vértice de la proyección gnomónica, pues los relojes no son sino figuras semejantes a los mapas solares correspondientes. Todos podemos advertir que, en la mayoría de los relojes de sol, el gnomon o estilete está cuidadosamente dirigido hacia el Polo Norte, y deberá estar enclavado y sujeto en el punto proyección del mismo. Ello quiere decir que el gnomon debe ser paralelo al eje del mundo, con lo cual no sólo se aprovecha mejor la sombra del mismo, sino también porque sucede de este modo que toda la sombra del gnomon coincide con alguna de las líneas horarias astronómicas.

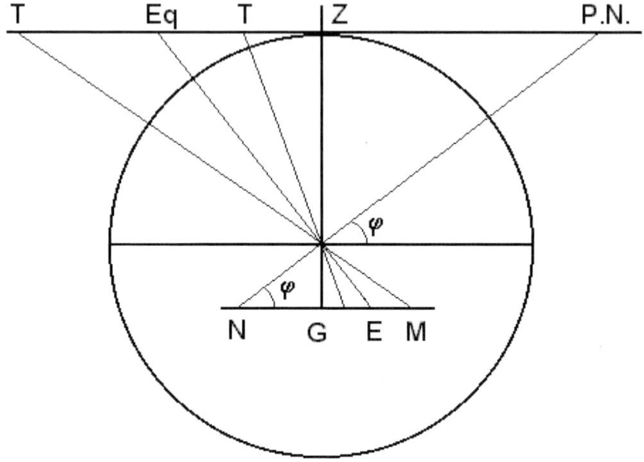

Fig. 25ª Un reloj de sol no es más que la figura semejante al mapa gnomónico que se trazaba en el plano tangente al zenit y paralelo al horizonte. A la hora de diseñar el reloj se tendrá en cuenta que en el cuadrante del reloj y en el mapa gnomónico las figuras son simétricas respecto a un punto.

El mapa solar explicado hasta aquí nos conduce al reloj de sol horizontal y plano. Estos relojes se suelen construir en el suelo o bien sobre ménsulas cuya tabla, que hará de cuadrante colocado horizontalmente, lleva las correspondientes líneas horarias. Un reloj horizontal de horas astronómicas bien diseñado constará de líneas horarias, proyección de los diversos meridianos delimitados por los husos horarios, y las trayectorias solares, que indican la declinación variable del sol a lo largo del año. La línea norte-sur se suele tomar como línea meridiana, es decir como la traza del meridiano del lugar sobre el cuadrante. Esta línea indicará en general la hora del mediodía solar, porque la sombra del gnomon estará sobre ella en dicho momento, es decir cuando el sol alcanza su culminación y corta en la bóveda el meridiano local. Otra cosa es que el mediodía coincida con las 12 en punto, porque influye no sólo la hora civil de cada lugar sino también la ecuación del tiempo, como diremos después.

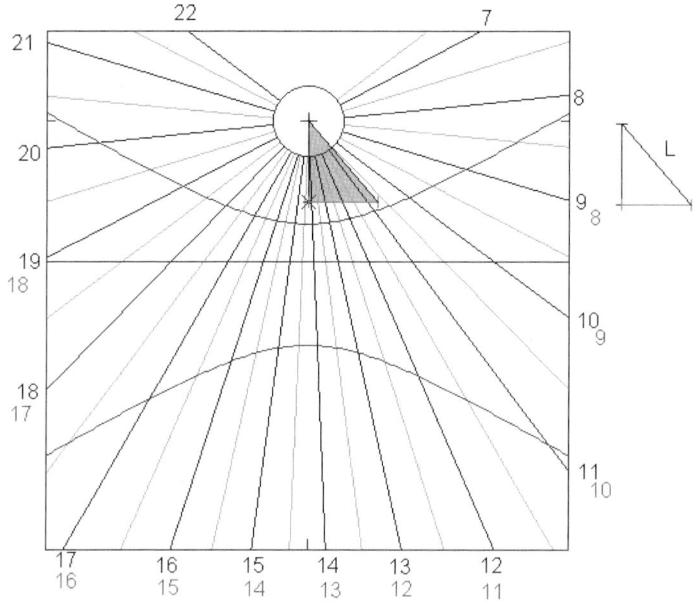

Fig. 26ª En este reloj horizontal aparecen señaladas las horas y medias horas astronómicas, las tres trayectorias solares, y dos puntos, uno el P.N. que es la proyección del polo norte sobre el cuadrante, y otro que es el centro de coordenadas (0,0) del mapa gnomónico. La distancia entre ambos puntos es precisamente la cot φ. Se indica el horario de verano y el de invierno. El plano del gnomon es perpendicular al cuadrante.

También es lógico que nos preguntemos si la longitud o largura del gnomon ha de ser calculado exactamente. La respuesta es que, aunque es esencial la perfecta colocación del mismo, su tamaño no influye en la determinación de la hora astronómica. Pero si queremos que el final de su sombra indique durante el día la trayectoria solar correspondiente a cada época del año, en tal caso el tamaño debe calcularse previamente, como se ve en el Apéndice. A propósito de esto tenemos que señalar que muchos de los relojes de sol antiguos que uno se encuentra por los diversos lugares de nuestra geografía, han estado en principio bien diseñados, pero en algún otro momento de su historia se ha modificado el gnomon en su tamaño, su posición o en su ángulo con la pared, de manera que hoy son relojes inútiles para su función propia.

Como el gnomon ha de colocarse de modo que esté contenido en una línea paralela al eje de la tierra, es esencial que mire al polo norte, por lo que es preciso que su ángulo respecto al cuadrante coincida con la latitud del lugar, si se trata de relojes horizontales, y con la colatitud si de verticales. Si el gnomon está correctamente colocado, la sombra del mismo estará situada en cada línea al transcurrir de las horas. Y si la longitud del mismo es la adecuada, el final de la sombra va delimitando la trayectoria del sol durante el día, que será la hipérbola proyectada del paralelo de declinación que corresponda. Cuando la fecha es la de los solsticios, el final de la sombra estará en todo momento del día en una de las dos trayectorias solares principales, que son las proyecciones de los trópicos. Y si la fecha es la de los equinoccios la punta del gnomon recorre la línea del ecuador. Cuando el reloj lleva dibujadas más trayectorias solares con indicaciones de los signos del Zodiaco se puede conocer, mediante el reloj, la fecha aproximada, o al menos una indicación de la época del año en que nos encontremos.

Generalmente los relojes horizontales han de observarse dando la espalda al norte del horizonte y mirando el sujeto hacia el sur del mismo, y si están bien construidos indican con la sombra del gnomon la hora, aunque sin la corrección de la ecuación del tiempo. En el cuadrante cada línea horaria llevará un número que indicará la hora, por lo que son de fácil lectura, excepto en el caso del cambio de hora verano-invierno, que habrá de tenerse en cuenta.

Cuando se quiere colocar el reloj de sol sobre una pared es lógico que utilicemos un reloj vertical. El principio en que se funda es el mismo explicado hasta aquí y se trata por tanto de un mapa solar, que habrá de calcularse convenientemente, pero en principio, y si no se quieren muchas complicaciones, para una determinada latitud, por ejemplo de 42°, se puede calcular un reloj horizontal para la colatitud, de 48°, con su correspondiente gnomon, y constituirá un reloj vertical válido si se coloca en una pared meridional, es decir la que mira al sur del horizonte[45].

La Corrección de Longitud

En la mayoría de los relojes de sol existentes se considera como hora del mediodía las doce en punto, y así viene indicado en números romanos o arábigos. Hasta cierto punto es verdad que en el reparto de las horas astronómicas, la hora cero es la que indica el principio del día, a medianoche, y que cuando han transcurrido doce horas estamos a la mitad del día, o mediodía. Si se supone que el sol atraviesa en las antípodas nuestro meridiano a la hora cero, pasará por nuestro meridiano local

[45] Colatitud es el complementario de la latitud, y por tanto se calcula restando de 90° dicha latitud.

precisamente a las doce de mediodía en hora solar[46]. Aunque la hora civil no siempre está de acuerdo con la hora solar, y más bien es difícil que lo esté. En España llevamos oficialmente una, y a veces dos horas de adelanto con respecto a la hora de Greenwich, que es la del meridiano cero, pero además la anchura de España en grados es prácticamente de medio huso de tiempo, lo que impedirá en todo caso que la hora local coincida con la hora civil en todos los lugares de España.

Diremos entre paréntesis que al diseñar los relojes de sol de forma que señalen las doce al mediodía local, como sucede en muchos de ellos, tales relojes dejan de tener utilidad práctica para el común de los mortales. Por ejemplo en el verano, la hora de mediodía a nuestra latitud y en las cercanías de Valladolid es aproximadamente las 14h 20m. Si la gente consulta en ese momento el reloj de sol comprueba que señala las 12h, mediodía solar local, con lo cual piensa que el reloj de sol no le sirve para conocer la hora. Algunos restarán las dos horas de adelanto, impuesto en la vida civil, pero aún así se encontrarán con 20 minutos de diferencia que les resultan difíciles de explicar.

La hora solar local varía continuamente si nos movemos en dirección este-oeste a razón de 4 minutos de tiempo cuando nos desplazamos un grado, 1°, en longitud[47]. Dando por sentado que la hora civil permanece fija, y es la misma oficialmente en toda la península, los relojes solares deben estar corregidos de longitud geográfica, si queremos que al mediodía solar el reloj señale la hora civil, y no la hora solar que es irrelevante. Para Canarias se tendrá en cuenta que el horario es el mismo de Greenwich, excepto en la época del verano. Pero como el meridiano de Greenwich no pasa por las Islas, es preciso hacer también la corrección de que estamos hablando. Un procedimiento rápido es calcular la hora en que el sol debe estar en el meridiano, y utilizar la línea de mediodía con la indicación de esta hora, que ya no serán las 12. Por ejemplo, en Valladolid la línea de mediodía deberá indicar, en horario de invierno, las 13h 18m 52s[48], y a partir de este dato se dibujan las demás líneas horarias.

La corrección de longitud puede tener el inconveniente de que un cambio en el meridiano origen deje al reloj carente de significado. El meridiano origen es hoy oficialmente el de Greenwich, pero a principios del siglo XX el meridiano origen en España era el meridiano de Madrid. Cuando se institucionalizó el de Greenwich, todos los relojes españoles de sol que

---

[46] Seguimos prescindiendo por ahora de la rectificación que hay que hacer por el hecho de que el movimiento del Sol no es totalmente regular, y por ello se adelanta o atrasa unos cuantos minutos, según la época del año, en su llegada al meridiano. Esta rectificación es la que hemos llamado antes ecuación del tiempo, y es importante para correcciones finas de la hora de los relojes.

[47] En medidas no angulares un grado de meridiano, o un grado en el ecuador, son 20 leguas, 60 millas marinas de 1852 m cada una.

[48] A efectos prácticos basta aproximar a 13h 19m.

estuviesen corregidos de longitud se encontraron con un retraso de unos 10 minutos, que es bastante importante. Sin embargo los relojes de sol no corregidos no tropezaron con un problema nuevo, sino con que la corrección que había que hacer para pasar la hora solar local a oficial era distinta.

En los relojes de sol que nosotros diseñamos siempre se intenta que los relojes presenten la diferencia debida a la longitud, es decir que en el caso de Valladolid la línea del mediodía no coincida con la hora en punto sino más bien con una línea cercana a la media hora, en que se reflejen esos casi 20 minutos de que hemos hablado. Aunque todavía hay otra dificultad, pues es cierto que el hecho de que la hora oficial de invierno sea distinta a la de verano, crea en los relojes que hoy se pueden construir una contrariedad con la que no tropezaron nuestros mayores. Se puede resolver poniendo dos números en cada línea horaria, en dos colores por ejemplo: El número de un color indicará la hora en la época invernal y el del otro color la hora de la época del verano. Al menos así lo hemos resuelto nosotros en algunos casos. Ver figuras 26 y 27.

RELOJES INCLINANTES Y DECLINANTES

El reloj horizontal descrito más arriba es un reloj cuyo cuadrante es perfectamente paralelo al plano del horizonte, es decir al suelo del lugar. Pero no hay inconveniente en que el plano de los relojes forme un cierto ángulo con el del horizonte, y en ese caso se habla de relojes inclinantes. De hecho se ven en algunos cuadros de la pintura universal relojes construidos sobre cualquier superficie plana, ya sea la cara de una pirámide o la de un dodecaedro. Describiremos después en el Apéndice cómo debe operarse para diseñar un reloj en ese caso, pero tiene que quedar claro que así como los relojes planos horizontales sólo sirven para la latitud del lugar en que se han construido, y si están corregidos de longitud, sólo para un punto concreto de la geografía, los relojes inclinantes también padecen estas limitaciones, y no es demasiado lógico que existan en algunos lugares mercadillos de relojes de sol para que los turistas los adquieran tranquilamente e intenten que sean útiles en el lugar de destino. Si un reloj está diseñado para una latitud, una longitud y una cierta inclinación, no es transportable sin más.

En cuanto a los relojes verticales, estarán en general sometidos a la orientación de la pared en que se colocan, aunque, como ya dijimos, en paredes que no miran al sur se pueden ver relojes cuyo plano se hace sobresalir de la pared para que queden orientados al sur, consiguiendo así que un reloj vertical meridional sea apto para dar la hora en dicha fachada. Ya sabemos que se llama reloj meridional al vertical cuyo plano mira al sur o mediodía del lenguaje común. Sin embargo existen relojes para todas las

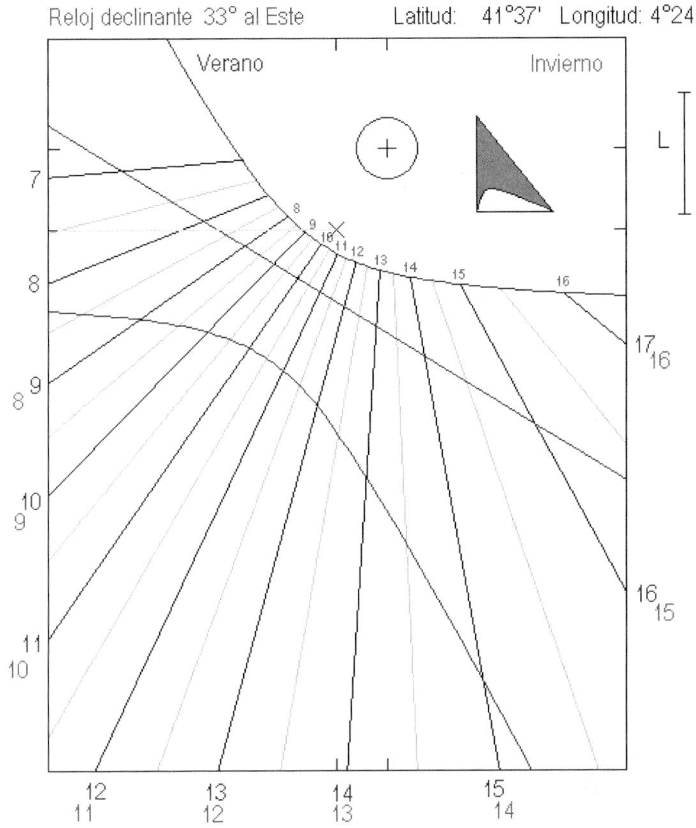

Fig. 27ª Obsérvese que en un reloj vertical declinante las líneas horarias dejan de ser simétricas respecto a la línea del mediodía, pero pasan también por la proyección del P.N. En este reloj que declina al Este, el ecuador no es horizontal sino descendente. Con el triángulo del gnomon se pone de relieve que el ángulo que el gnomon hace con el cuadrante ya no es la colatitud. El triángulo se colocará perpendicular al cuadrante y con el cateto entre ambas cruces.

orientaciones, y se puntualiza en el Apéndice cómo pueden construirse los relojes verticales declinantes, si llamamos así a los no meridionales. Su plano ya no está enfrentado al mediodía, y el ángulo que el gnomon hace con la superficie del cuadrante deberá calcularse, pues ya no es sencillamente el de la colatitud. Somos muy partidarios de los relojes declinantes porque de hecho, a la vista, estos relojes son más espectaculares y es importante saberlos diseñar cuando las paredes en que queremos colocarlos no están orientadas al sur. En todo reloj vertical, tanto meridional como declinante, las líneas horarias pasan también por la proyección del P.N. porque son igualmente la proyección de los meridianos en el cuadrante del reloj. Aunque en el reloj vertical declinante las líneas horarias dejan de ser simétricas respecto a la línea del mediodía.

En la proyección gnomónica el ecuador es siempre una línea recta en el cuadrante. Dicha recta es en los relojes verticales meridionales una línea horizontal, pero en los relojes declinantes, por efecto de dicha proyección, la línea del ecuador deja de ser horizontal. En los relojes que declinan al este esa línea es descendente de izquierda a derecha según miramos al reloj, y en los declinantes al oeste es ascendente. Esto permite dictaminar a simple vista si un reloj está colocado en la pared adecuada aunque esto no baste, sin examen detallado, para determinar si el reloj está correctamente diseñado para ella. Nuestra experiencia es que muchos relojes declinantes han sido trasladados de pared en sucesivas rehabilitaciones de edificios, con la consiguiente secuela de resultar inútiles.

Medida de la declinación de la pared

No es del todo inconveniente que antes de seguir adelante nos pongamos en guardia contra una ambigüedad que surge por la equivocidad del término declinación. En Astronomía dijimos que era la distancia angular entre un paralelo, en el que está un astro cualquiera, y el ecuador celestial cuyo plano coincide con nuestro ecuador terrestre. En las ecuaciones aparecerá siempre como δ. Aquí sin embargo se trata del ángulo que mide la orientación de la pared, y que en las respectivas ecuaciones aparece como d. De manera que en el Apéndice matemático no se da la ambigüedad que aquí se da entre las palabras.

Para que un reloj declinante esté correctamente diseñado es preciso que se haya calculado con la declinación exacta que pida la pared, o el plano en el que va a estar el reloj. Hemos descrito antes esa declinación con el término coloquial de orientación del reloj. Pero el cálculo correcto pide un ángulo preciso de declinación, que es el formado por la perpendicular a la pared y el eje norte-sur del plano del horizonte, es decir el meridiano local. Entre 0° y 90° están todas las declinaciones posibles. Un reloj meridional declina 0°, es decir no es declinante, mientras que los relojes que miran exactamente al este o al oeste son declinantes con ángulo de $\pm 90°$. Estos relojes son de los llamados polares porque el plano del cuadrante es el mismo del meridiano, y por tanto dicho plano pasa por el polo. Tienen el inconveniente de que el gnomon, que también está dirigido hacia el polo, yacerá en el plano del cuadrante, lo cual significa que no daría sombra. En la práctica se suelen separar un tanto del plano para que su sombra pueda recogerse en el cuadrante. Naturalmente debe indicarse, para el cálculo del reloj, si la declinación es hacia el este o hacia el oeste, porque en los cálculos ha de introducirse el signo del ángulo de declinación.

Los relojes polares son siempre curiosos, y para el lego en la materia no parecen relojes de sol. De hecho sabemos de mucha gente que interpreta tales relojes como relojes lunares, al desconocer la lectura de aquellos, y la forma de éstos. Tienen muchas veces la disculpa de que tales relojes, debido a su rareza y peculiaridad han sido, por descuido, desplazados de su lugar original o están faltos en absoluto de gnomon, con lo que son imposibles de interpretar y carecen por completo de utilidad.

En el Apéndice describiremos con detalle un modo práctico de conocer con exactitud el ángulo de declinación de una pared dada, pero quede aquí constancia de que el meridiano local es fácil de determinar porque, en un determinado sitio, cualquier objeto perfectamente vertical tiene su sombra, en el momento preciso del mediodía solar, en el meridiano del lugar. El problema se resuelve pues, conociendo la hora del mediodía para cada lugar, y para ello ayuda la corrección de longitud y el conocimiento de la ecuación del tiempo.

LA ECUACIÓN DEL TIEMPO Y LA ANALEMA

Vamos a hablar ahora, por fin, de dicha ecuación. Empezaremos diciendo que en astronomía la palabra ecuación tiene más el significado de una cierta corrección que hay que hacer en las medidas o en las observaciones, que el de un algoritmo algebraico con el que se trata de encontrar una incógnita.

Sabemos que el mediodía es el momento en que el sol está en el meridiano local. En Greenwich, que es el meridiano de referencia, ello debería ser a las 12 horas, si no hay cambios civiles del horario. Pero de hecho el paso del sol por el meridiano de referencia no se realiza todos los días a la misma hora civil, sino que sigue las fluctuaciones de una función que es precisamente la ecuación del tiempo, curva que da los minutos de diferencia entre la hora real de paso y la oficial para todos los días del año. Esta irregularidad es debida a una serie de circunstancias, entre las que cuenta la excentricidad de las órbitas, que lleva consigo el que la velocidad de los planetas en su propia órbita, y ésta es la 2ª ley de Kepler o de las áreas, no es de módulo constante, de manera que son más rápidos cuando se acercan al perihelio que cuando están en el afelio, y esta diferencia de velocidad se manifiesta en cambios del movimiento del sol en la bóveda, movimiento que no es tan constante como podríamos imaginar. Otra causa es que aunque el sol se mueva para nosotros en la eclíptica, cambiando su longitud con el paso del tiempo, sin embargo la referencia horaria la tomamos en lo que se denomina ascensión recta, que en esencia es como considerar un sol ficticio que se mueve uniformemente por el ecuador. Recordemos que los planos de la eclíptica y el del ecuador forman entre sí un ángulo de 23° 27', que recibe el nombre de oblicuidad.

Como resultado de esas circunstancias, hay una diferencia apreciable entre el momento en que el sol está en el meridiano local y el momento medido por las horas astronómicas. Que es como decir que el sol no acude puntual a su cita, de manera que a veces se adelanta y a veces se atrasa en su paso por el meridiano. Esta irregularidad que hubiera sido impensable para el vulgo[49] en la antigüedad, y que quizá lo sea también hoy para muchos, científicamente fue consecuencia de leyes físicas, y se confirmó palpablemente con el invento de los relojes mecánicos. Lo curioso del caso es que cuando se inventaron dichos relojes se consideraba hora verdadera a la dada por un reloj de sol, es decir eran las 12 en el momento en que el sol cruzaba el meridiano local y se suponía que los que se desviaban de la hora eran los relojes mecánicos. Por ello los buenos relojeros acompañaban sus cronómetros con una tabla de corrección, que era un trasunto de la ecuación del tiempo, como ya dijimos. Hoy sin embargo consideramos hora verdadera a la astronómica, y por tanto a la que se puede simular mecánicamente, y se reserva la corrección para los relojes de sol.

Es por tanto distinto el momento en que el sol está en el meridiano local realmente y el momento medido por las horas astronómicas. Esta diferencia, cercana a veces al cuarto de hora, es tanto positiva como negativa, con cuatro puntos de ecuación nula, que pueden sernos útiles para conocer si la referencia al meridiano local de cualquier reloj solar está o no correctamente hecha, porque en esas fechas la sombra del gnomon tiene que estar sobre la línea del mediodía. Como puede verse en la figura, la ecuación del tiempo es negativa desde enero hasta mediados de abril, es decir el sol llegará con retraso al meridiano en esas fechas y en el mes de febrero el retraso es de hasta unos 14 minutos. También se atrasa del 15 de junio hasta primeros de septiembre. En julio el retraso es apenas de 6 minutos. También el adelanto del sol es de 16 minutos en noviembre y de solo 4 minutos en mayo. Advertimos que esta gráfica puede aparecer en los libros invertida respecto a la que aquí se reproduce. Pero la interpretación es la misma, aun cuando sean positivos los retrasos y negativos los adelantamientos del sol. También diremos que si el sol se atrasa el reloj se adelanta y viceversa. Por ello algunos prefieren indicar ese adelanto como valor positivo de la ecuación del tiempo.

---

[49] Algunos autores suponen que Ptolomeo llegó a comprobar dicha irregularidad al comparar el movimiento del Sol con la medida que del tiempo daba la clepsidra.

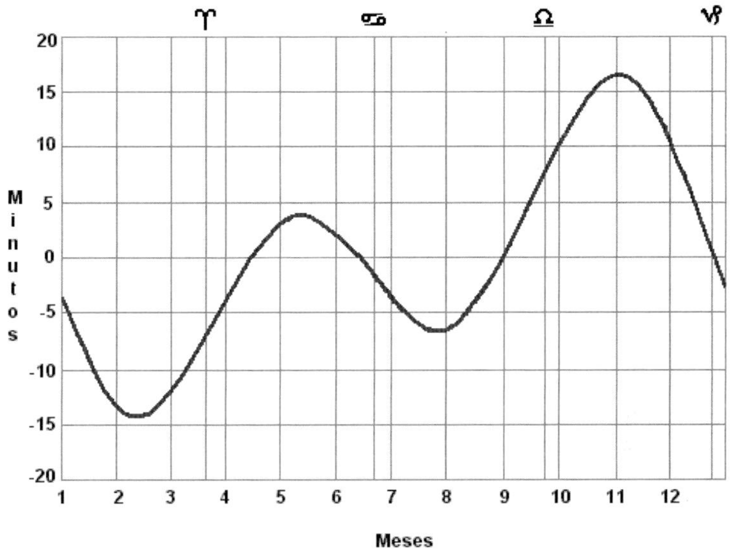

Fig. 28ª Se representa la ecuación del tiempo. Puede observarse que hay cuatro puntos de ecuación nula, y cuatro periodos, dos de retraso y dos de adelanto del sol en su cita con el meridiano local. Las máximas y mínimas no son simétricas, y son menos significativas de abril a septiembre que de septiembre a abril.

En muchos relojes se indica de alguna manera la ecuación del tiempo para que el observador del reloj realice las oportunas correcciones. Estas y otras indicaciones podrán ponerse en un panel explicativo, y esto se ve en algunos relojes públicos, como en el de La Peña de Francia en la provincia de Salamanca, o en el de la plaza de Les Halles de París. Con ello los visitantes pueden entender mejor la idea del reloj y su correcta interpretación, porque siempre es embarazoso para quien diseñó el reloj tener que dar explicaciones de las inexactitudes del mismo. Pero como hay cuatro fechas al año en que el mediodía civil coincide con el mediodía astronómico, que son aproximadamente el 15 de abril, 14 de junio, 1º de septiembre y 25 de diciembre, en ellas los relojes solares marcarán la hora exacta en todas las líneas horarias. Y es aconsejable que quien intente diseñar un reloj de sol por primera vez lo pruebe en cualquiera de esos días, porque se evita así el tener que hacer mentalmente la corrección pertinente. Y también es recomendable desde el punto de vista psicológico porque es muy frustrante el diseñar y construir un reloj y comprobar que cada lectura puede variar casi en un cuarto de hora, sin que ello signifique que está mal diseñado.

En cuanto a la llamada Analema no es sino una curva cerrada, parecida a una lemniscata[50], que es la representación de la ecuación del tiempo en función de la declinación del Sol a lo largo de los días del año. También puede interpretarse como la gráfica de la variación de la longitud de la sombra, cuando el sol alcanza su culminación a mediodía solar, a lo largo del año.

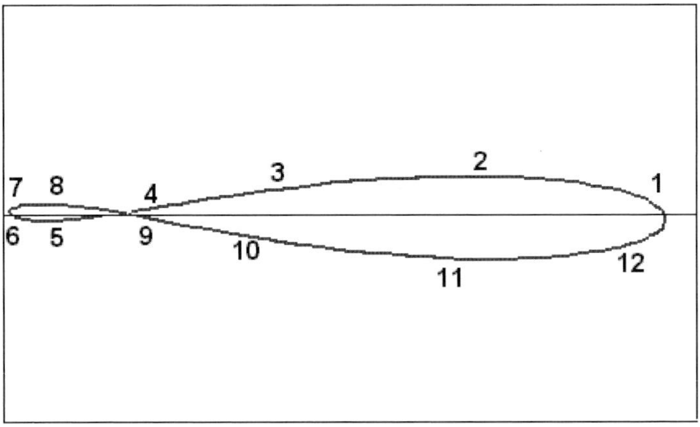

Fig. 29ª En el dibujo de la analema los números se refieren a los diferentes meses. Podemos interpretar la analema como la gráfica que nos da la sombra de un estilete perpendicular al plano del reloj a mediodía local, cuando el sol está cerca de la culminación. Tal sombra sería nula si no existiese la ecuación del tiempo.

Si se tiene la paciencia de hacer una toma fotográfica de la parte de la bóveda celeste donde se encuentra el sol al mediodía local, a hora fija, durante todos los días del año, o a intervalos regulares, se puede ver una analema si se superponen las tomas. Esto lo hacen muchos aficionados a la fotografía astronómica.

Existen relojes analemáticos de varios diseños. Uno de ellos consiste en dibujar la analema sobre cada línea horaria de un reloj o en lugar de la recta horaria correspondiente, y de hecho hay relojes que la incluyen, como algunos diseñados por Rafael Soler en Mallorca, y en tal caso la hora exacta es la indicada por la sombra del gnomon en la analema en cada época del año.

---

50 Figura en forma de ocho acostado.

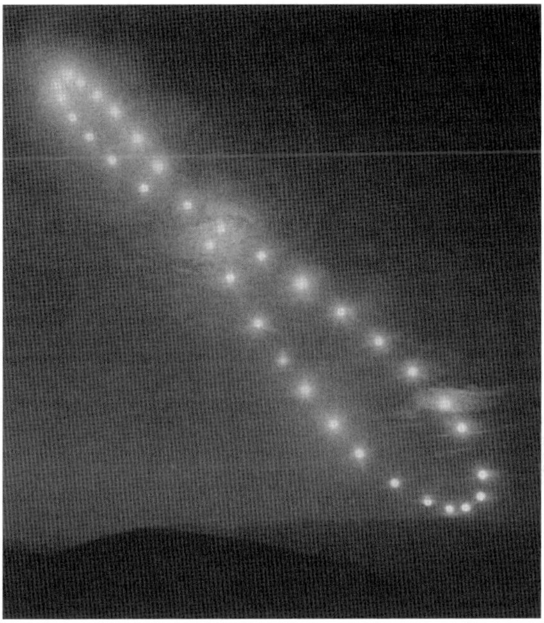

Fig. 30ª En la Web aparecen imágenes de fotografías hechas a hora fija a lo largo del año. La distinta posición del sol en el cielo dibuja la célebre analema.

LAS LÍNEAS DEL AMANECER Y DEL CREPÚSCULO

En los relojes horizontales el sol llega al cuadrante desde el momento mismo en que amanece y permanece sobre el mismo hasta el de la anochecida. Sin embargo en los relojes verticales no sucede así. Incluso en los relojes meridionales, el sol incidirá sobre el cuadrante sólo cuando su azimut sea de 90°, porque el reloj meridional mira al sur y está colocado de tal suerte que ocupa la línea este-oeste. Como en nuestras latitudes el sol sale en verano más cercano al polo norte, y por tanto hay meses en que el sol aparece por el horizonte con azimut menor de 90°, no iluminará el reloj hasta alcanzar dicho azimut. De la misma manera deja de hacerlo cuando el azimut del sol sobrepasa, al atardecer, los 270°. Una línea horizontal en el cuadrante vertical, es decir paralela al plano del horizonte, y que pase por el centro de la proyección gnomónica, nos indica y limita las horas en que el sol incide sobre el mismo en todos los días del año.

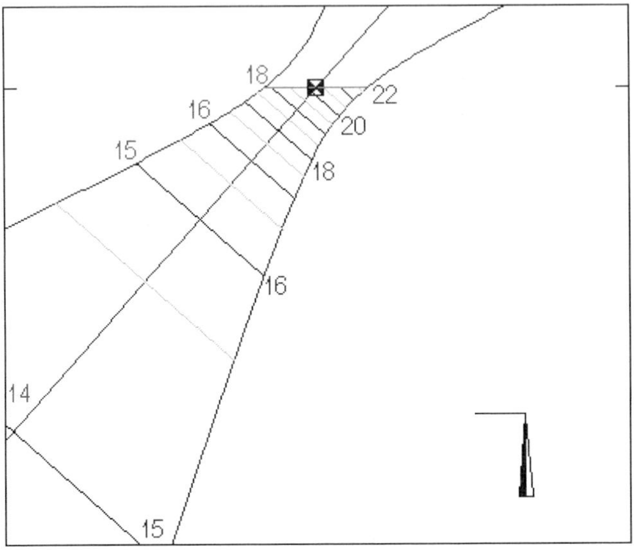

Fig. 31ª Los relojes que están en el plano del meridiano se llaman polares y pueden ser de declinación este (90° E) en los que la línea que se suele dibujar es la del amanecer mientras que en los de declinación oeste (90° W) es la del ocaso. En el de la figura, que es polar de horas locales declinante al Oeste, se indica claramente la diferencia de horario de la puesta del sol en los solsticios y en los equinoccios. El gnomon se suele colocar separado de la pared, para que tenga sombra visible. Su tamaño aparece en la figura, y debe situarse en el punto señalado del reloj.

A esta línea la llamamos aquí del amanecer y del crepúsculo con cierto abuso del lenguaje, como si dijéramos que el sol amanece o anochece sobre el reloj. Aunque es cierto que en los relojes verticales que declinan al este, la línea del amanecer indica el orto del sol, y en los que declinan al oeste, el ocaso. En un reloj polar, es decir un reloj cuyo plano coincide con el del meridiano y pasa por tanto por el polo norte, la línea del amanecer o del crepúsculo es casi imprescindible, pues por encima de dicha línea no tiene sentido el que estén dibujadas líneas horarias. Si el reloj es de declinación este (90° E) la línea que se dibuja es la del amanecer mientras que la del ocaso aparece muy clara en los de declinación oeste (90° W). A nuestra latitud un reloj polar nos indica claramente que la salida del sol en el solsticio de invierno se realiza hora y media después de lo que lo hace en el equinoccio de primavera, y en el solsticio de verano, hora y media antes. En el ocaso sucede al revés. El sol se pone antes en invierno y después en verano, como sabemos. La diferencia de horas de insolación entre el solsticio de invierno y el solsticio de verano es por tanto a nuestra latitud de seis horas, pues se pasa de una insolación de nueve horas a una de quince. Naturalmente en los equinoccios será, como podemos prever, de doce horas.

Esa línea, que fijará el orto para los relojes que declinan al este, y para ellos será realmente del amanecer, o el ocaso para los declinantes al oeste, y será entonces del crepúsculo, no suele en general dibujarse en los relojes, y tampoco en los diseñados por nosotros, aunque sí la tenemos en cuenta en el momento del cálculo para conocer qué líneas horarias es preciso bosquejar y cuáles no. Un cuadrante no debe tener, nos parece, más líneas que las que se necesitan para un buen entendimiento de su función, y es importante que sólo aparezcan en el reloj las líneas horarias de aquellas horas en que el reloj está convenientemente iluminado por la luz solar.

EL RELOJ DE HORAS BABILÓNICAS

Un cuadrante de horas babilónicas no es sino uno en el que están indicadas las líneas horarias babilónicas. Por tanto nuestro problema consiste en dibujar, sobre el cuadrante plano, las líneas que nos indiquen estas horas, que serán precisamente las que unan las distintas posiciones de la sombra del gnomon a lo largo del año cuando haya transcurrido una hora, dos horas, etc., desde la salida del sol; pero teniendo en cuenta que, por ejemplo, en el solsticio de verano el orto se realiza en un tiempo muy distinto que en el solsticio invernal. Sin embargo la línea del horizonte proyectada en el reloj de horas babilónicas marcará en todos los casos y en todo tiempo la hora cero, pues por definición las horas babilónicas empiezan a contar en el momento en que el sol, en su orto, aparece por el horizonte.

Tengamos pues presente que la línea del horizonte en la bóveda celeste corresponde a un círculo máximo que forma con el ecuador un ángulo igual a la colatitud, es decir $90° - \varphi$, pues por el hecho de que el polo norte está sobre el horizonte a una altura igual a la latitud, el ecuador estará a una altura complementaria de la anterior. Además el plano del horizonte es tangente a la circunferencia circumpolar que es el paralelo cuya declinación es precisamente la colatitud. La circunferencia circumpolar es la que contiene y limita los astros que carecen de orto y ocaso, pues aunque gire la bóveda siempre están sobre el horizonte.

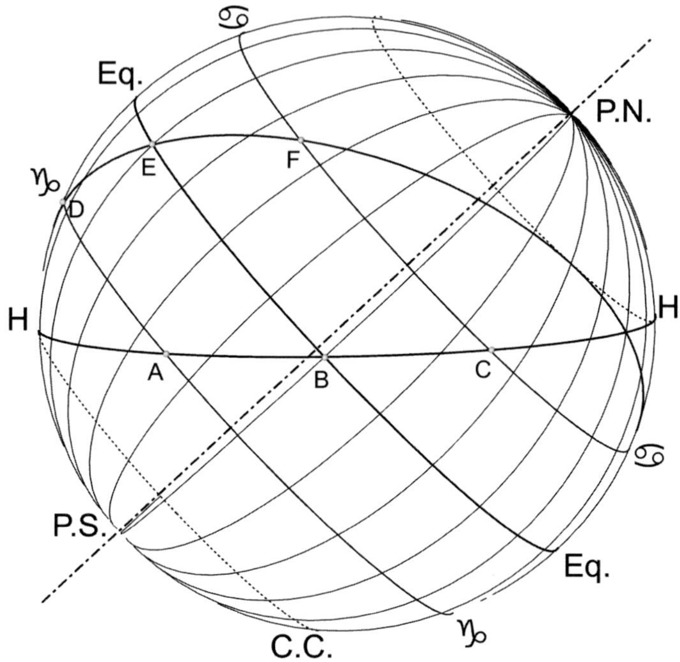

Fig. 32ª En la figura el círculo del horizonte constituirá la hora cero babilónica. El plano que sea tangente a la circunferencia circumpolar en el punto del meridiano de la 4ª hora después de la salida del sol y que forme con el ecuador un ángulo igual a la colatitud, es el círculo máximo de la 4ª hora babilónica. Este plano corta al Ecuador y a los Trópicos en los puntos E, F, D.
No olvidemos que la distancia desde H' al Polo Norte, que es la altura del mismo, es igual a la latitud φ, mientras que la altura del Ecuador que se mide desde H es precisamente 90 - φ

Supongamos ahora que han transcurrido cuatro horas babilónicas, es decir son las cuatro en el reloj mencionado. La línea de la bóveda celeste que una el punto de posición del sol en ese instante con todos los puntos en que esté colocado el sol durante el resto del año, precisamente en el momento en que han pasado cuatro horas desde la salida del sol, constituirá la línea de las cuatro en horas babilónicas.

Se puede demostrar, aunque es tedioso, que esta línea corresponde también a un círculo máximo, que forma también con el ecuador un ángulo igual a la colatitud del lugar, tal como lo hace el plano del horizonte. En consecuencia las líneas horarias babilónicas serán, en proyección gnomónica, líneas rectas. Si además se demuestra que las circunferencias máximas correspondientes a cada una de esas horas, son tangentes a la circunferencia del paralelo que a su vez es tangente al horizonte, tenemos ya la posibilidad de trazar las líneas horarias babilónicas en nuestro reloj solar.

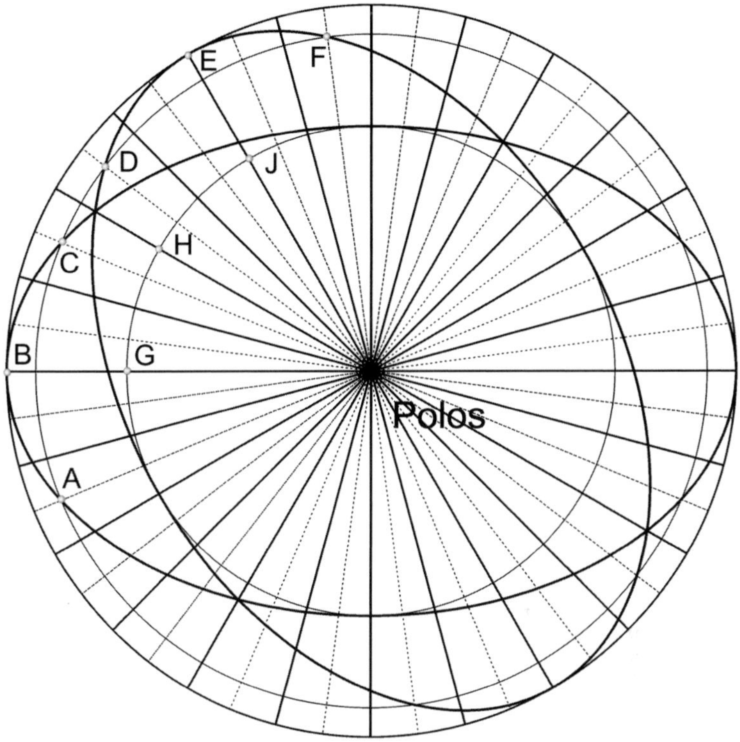

Fig. 33ª En perspectiva ortográfica el paralelo máximo circumpolar es una circunferencia. El horizonte, circunferencia máxima que pasa por A, B, C, es tangente a la circumpolar y se proyecta como una elipse. El círculo máximo que indica la hora babilónica de las cuatro como una elipse girada, que pasa por D, E, F. Ambos círculos máximos forman el mismo ángulo con el ecuador.

En efecto, el paralelo máximo circumpolar es el situado a una declinación igual también a la colatitud, y como es tangente al horizonte, la proyección gnomónica de esta circunferencia será, a nuestras latitudes y en un reloj de sol horizontal, una parábola, ya que se tratará de una cónica con un punto en el infinito. Sin embargo en proyección ortográfica, con punto de vista situado en el eje de la tierra, la circunferencia circumpolar es una circunferencia, GHJ. En esta perspectiva, como se ve en la Fig. 29, el horizonte aparece como una elipse, ABC, tangente a dicha circunferencia. La circunferencia máxima de la 4ª hora babilónica tiene un comportamiento similar, pero la elipse, DEF, de la proyección aparece girada 4 horas. El ecuador está proyectado como el círculo de mayor radio del dibujo. El hecho de que el ángulo, igual a la colatitud, que forman todos los círculos de horas babilónicas con el ecuador sea el mismo, se refleja en esa proyección en que todas las elipses que representan horas babilónicas son iguales.

Si en el plano de proyección gnomónica se trazan ahora las tangentes a la parábola mencionada, tendremos ya dibujadas todas las horas babilónicas. De las infinitas tangentes posibles en la parábola, se escogen las que lo sean en los puntos de intersección con las líneas horarias astronómicas. Dichas tangentes pasan también por la intersección del ecuador con las líneas horarias astronómicas. Estos puntos de intersección indican «horas en punto», y se puede utilizar la propiedad de que en el ecuador, o sea en los equinoccios, las horas de sol son iguales a las horas nocturnas y las horas en punto astronómicas también son horas en punto babilónicas y planetarias, ya se empiece a contar el día a nuestras 12 de la noche, a las 12 del día, a la salida del sol o al ocaso del mismo. Con este trazado de las horas babilónicas se soslaya la dificultad de que los círculos máximos correspondientes tengan que formar con el ecuador un ángulo constante igual a la colatitud.

En un reloj horizontal no puede aparecer la línea del horizonte, proyectada en el infinito, pero sí en uno vertical, lo cual nos permite dibujar la hora cero babilónica, que como sabemos ya, tiene que coincidir con la proyección de la línea del horizonte. El paralelo máximo circumpolar, una vez efectuada la proyección, será en el reloj vertical y a nuestra latitud una elipse, tangente a la línea del horizonte. Dibujada dicha elipse, se trazarán también las horas babilónicas como antes.

El gnomon en los relojes babilónicos debe colocarse perpendicular al cuadrante, no en el punto (0, cot φ), como se hace en los relojes de horas astronómicas, sino en el de coordenadas (0,0). Deberá ser de longitud adecuada para que la sombra de su punta o cabeza caiga sobre la línea babilónica correspondiente[51]. Ello añade una dificultad a la interpretación y lectura de este reloj, pues la sombra del gnomon no está toda ella sobre ninguna de estas líneas horarias, y sólo se ha de tener en cuenta dónde termina la sombra del gnomon o dónde cae la sombra de su cabeza, como hemos dicho.

---

[51] En el mapa gnomónico correspondiente la longitud de este gnomon debe ser la unidad.

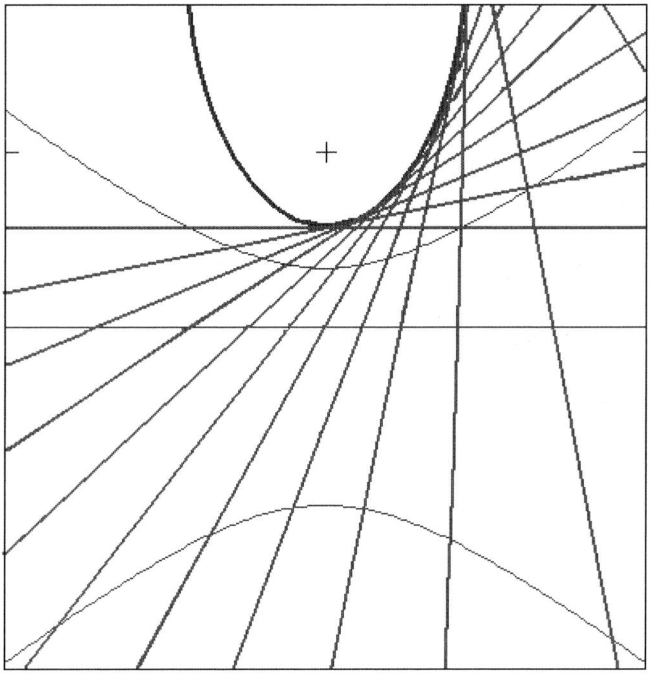

Fig. 34ª La circunferencia máxima circumpolar será en proyección gnomónica una cónica, ya que no corresponde a un círculo máximo, sino a un paralelo celeste, diferente en cada latitud. Si la proyección gnomónica es sobre el plano tangente al zenit, el punto de contacto entre la circunferencia dicha y la del horizonte, estará en el infinito del plano, y la cónica será una parábola. Las líneas babilónicas serán siempre rectas tangentes a la cónica.

Otros procedimientos de diseño

Los procedimientos de trazado de las líneas horarias, tanto astronómicas como planetarias y babilónicas, han sido muchos y variados, y los tratados de Gnomónica o de Perspectiva horaria fueron muy numerosos, sobre todo en los siglos XVI al XVIII. Pero uno de los procedimientos más generalizado, consistía en trazar primero un reloj ecuatorial, es decir un cuadrante de plano paralelo al ecuador, que era el más fácil de diseñar, y se abatía luego la figura sobre el plano concreto del reloj deseado.

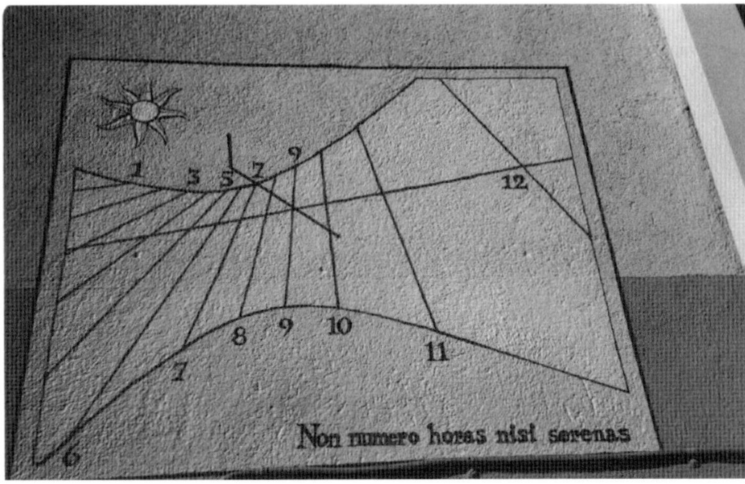

Fig. 35ª Este reloj diseñado por nosotros es vertical declinante al oeste en un ángulo de unos 10°. Es solamente de horas babilónicas. La fotografía es de Nicolás García Tapia en cuya terraza se encuentra pintado con especial cuidado. La parte artística ya no es nuestra. Como se ve marca más de diez horas desde la salida

Un reloj ecuatorial o equinoccial es un cuadrante colocado paralelo al ecuador celestial, y como el gnomon señala el polo norte, será perpendicular al cuadrante. En este caso el plano del reloj forma un cierto ángulo con el del horizonte y por ello es un reloj inclinante. Las líneas horarias forman entre sí ángulos de 15°. Hay un reloj de estas características a la orilla del Támesis en Londres, y aunque es de fácil interpretación, añadiremos que al ser un plano paralelo al ecuador, en la cara que mira al polo norte se dibujan las líneas horarias y el trópico de Cáncer. Esta cara queda iluminada sólo durante el verano hasta el equinoccio de otoño. El gnomon, colocado perpendicular al plano del reloj, porque debe ser paralelo al eje de la tierra, indica la hora correctamente. Pero en el equinoccio de otoño el sol ilumina el limbo del reloj por estar en el mismo plano que éste, y en adelante, durante el invierno y hasta el equinoccio de primavera, ilumina la otra cara del reloj, en la que también se pueden haber señalado las líneas horarias, dibujado el trópico de Capricornio, y colocado el gnomon convenientemente para que cumpla su función. El día que comienza la primavera el sol vuelve a estar en el plano del reloj, iluminando el limbo y en adelante se recupera la cara anterior del reloj para conocer la hora.

El reloj de sol ecuatorial es muy útil, primero porque se coloca en cualquier parte con la condición de estar bien orientado, y segundo porque una vez dibujado el sencillo mapa solar que lo representa, todos los demás relojes no son sino abatimiento del plano del reloj ecuatorial sobre el plano de cualquier inclinación o declinación que nos convenga.

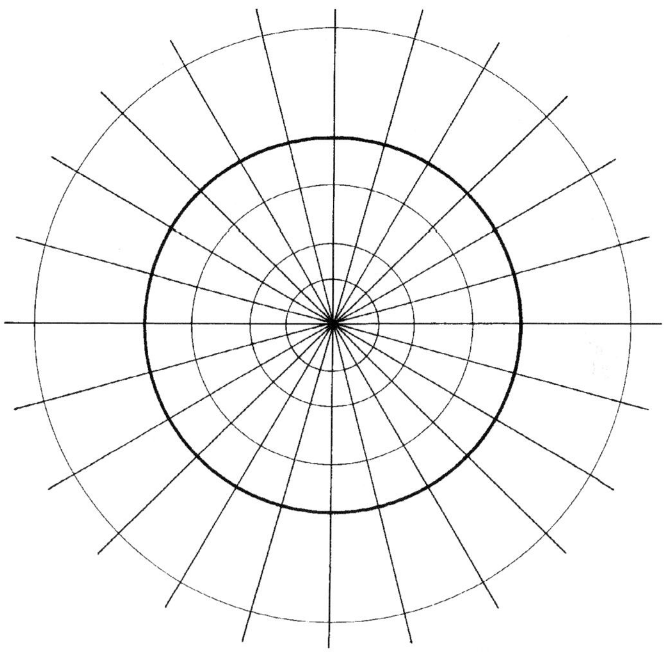

Fig. 36ª En un mapa gnomónico ecuatorial, el centro del mapa es la proyección del polo norte, P.N. Las líneas horarias son radios colocados cada 15°. Aparece más señalado uno de los trópicos. El gnomon del reloj correspondiente estará colocado perpendicular al cuadrante y su longitud, aunque en un mapa gnomónico es la unidad, estará calculada para que su punta se proyecte sobre el trópico precisamente en uno de los solsticios.

Cuando sobre este reloj ecuatorial se querían trazar las líneas babilónicas, se trazaba primero una circunferencia de radio igual a la tangente de la latitud, $\tan\varphi$, que sería la proyección del paralelo circumpolar máximo, y en el punto de corte con el *eje y* se dibujaba la paralela al *eje x*.

Esta paralela sería la línea del horizonte, por ser perpendicular al meridiano y tangente a la circunferencia circumpolar máxima. Por tanto ya se tendrá la línea babilónica de la hora cero. Las rectas tangentes a la circunferencia circumpolar en los puntos de corte con las líneas horarias astronómicas, serán las restantes líneas horarias babilónicas.

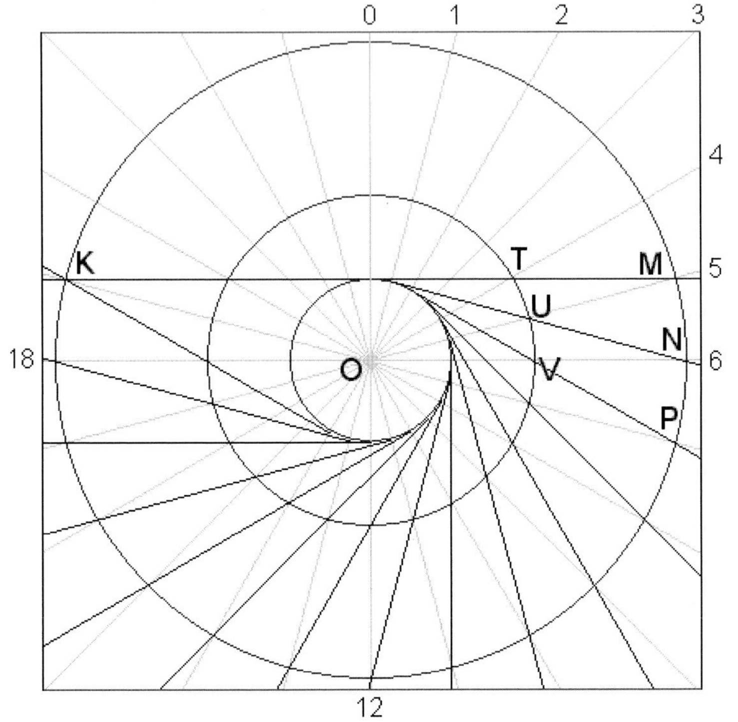

Fig. 37ª Se ven en el dibujo los doce meridianos que configuran los husos horarios. La línea del horizonte KTM es tangente a la circunferencia del paralelo máximo circumpolar y perpendicular al meridiano local. Las demás líneas tangentes a esa circunferencia en los puntos de corte con los meridianos serán las restantes horas babilónicas.

Maignan, un fraile de la Orden de los Mínimos, tiene en su libro el diseño de un reloj babilónico de las características indicadas, que reproducimos en la figura 37. Es un reloj ecuatorial en el que están trazadas las 24 líneas horarias, que corresponden a los meridianos. La línea vertical que va de las doce a las veinticuatro es precisamente el meridiano del lugar. La perpendicular al meridiano que sea tangente a la circunferencia proyección del paralelo circumpolar máximo será la proyección gnomónica del plano del horizonte sobre el del ecuador. A continuación se tiene en cuenta el punto M en el que el horizonte corta a la línea horaria de las cinco, y se traza la circunferencia de radio OM, que corta a las líneas horarias astronómicas en los puntos M, N, P, etc. El punto de corte del horizonte con la línea de las cuatro es T. Se traza también la circunferencia auxiliar de radio OT que cortará dichas líneas, numeradas con arábigos, en los puntos T, U, V, etc. La recta TM es evidentemente la línea babilónica de las cero horas. Si se unen N con U, P con V, etc., se tendrán las restantes horas babilónicas de este reloj ecuatorial.

No nos dice Maignan que estas líneas sean tangentes a la circunferencia circumpolar máxima, pero se puede ver directamente en el dibujo que hemos hecho, siguiendo sus indicaciones. Tampoco habla explícitamente de que la circunferencia de radio OM sea la trayectoria solar precisamente en los días en que la noche es de 10 horas. Obsérvese que el punto K indica no sólo la puesta del sol en dichos días, sino también la hora babilónica de las catorce, puesto que en dicho momento el sol salió 14 horas antes.

Una vez diseñado este reloj babilónico ecuatorial, se pasaba a los cuadrantes no ecuatoriales por abatimiento de las líneas sobre el correspondiente plano del particular reloj babilónico que se quisiera diseñar y construir.

Maignan describe muy bien otro procedimiento que nos parece sencillo e inteligente, aunque no sea original: Hemos visto que en los equinoccios el sol está, en principio, doce horas sobre el horizonte y doce horas por debajo de él. A nuestra latitud, para fijar ideas y en primera aproximación, el sol sale entonces a las 6 en punto de la mañana (hora astronómica) y se pone a las 6 en punto de la tarde. Las horas babilónicas correspondientes serán las 0 y las 12. Insistimos en que a la salida del sol siempre son las 0 horas babilónicas, en cualquier época del año, pero ha de tenerse en cuenta que sólo en los equinoccios la puesta del mismo es a las 12.

Habrá alguna fecha del año, y por tanto una declinación del sol, en la que el sol saldrá a las 7 en punto de horas astronómicas, y se pondrá a las 5 de la tarde. Y otra, simétrica, en la que el orto sea a las 5 y el ocaso a las 7. Tendremos por tanto, respectivamente, noches de 14 y de 10 horas medias solares. Esto a nuestras latitudes, y en el meridiano de Greenwich, sucede por ejemplo a primeros de mayo y a primeros de agosto, en fechas prácticamente equidistantes del solsticio de verano, y también en fechas equidistantes del de invierno, a primeros de noviembre y a principios de febrero. En esas fechas, las horas en punto astronómicas coincidirán con horas en punto babilónicas. En efecto, si el sol sale a las 7 horas astronómicas, en ese momento serán las 0 horas babilónicas; a las 8, la 1; a las 9, las 2, etc. Y a las 5 de la tarde, al ponerse el sol, serán las 10 horas babilónicas. En el caso en que la salida del sol sea a las 5 horas astronómicas, a esta hora serán las 0 horas babilónicas, y a las 7 de la tarde, en el ocaso, serán las 14, respectivamente.

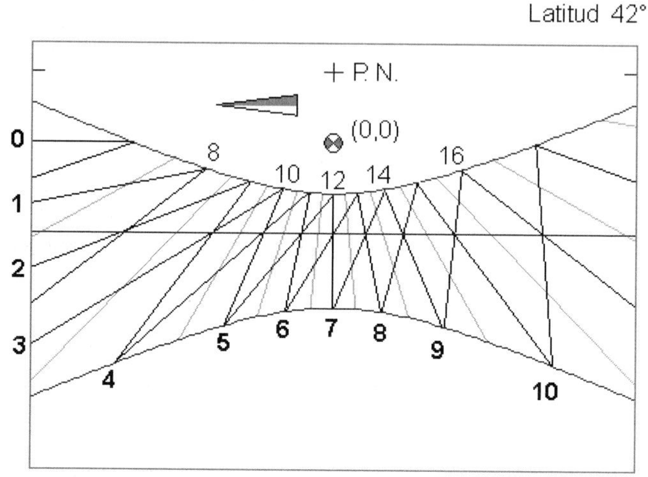

Fig. 38ª Si en nuestra latitud se diseña un reloj con líneas solares correspondientes a la declinación solar de 16°, como el que vemos, quedarán indicadas las fechas en que el sol sale a horas en punto astronómicas. Ello ayuda a diseñar el reloj de horas babilónicas porque estas líneas pasarán por los puntos en que las trayectorias solares cortan a las líneas horarias de horas astronómicas.

Por tanto, si se trazan sobre el reloj las trayectorias solares en esas fechas (a nuestra latitud esto ocurre cuando el sol tiene una declinación de aproximadamente unos 16°), los puntos de corte de las mismas con las líneas horarias astronómicas se podrán utilizar para trazar las líneas de horas babilónicas, que serán rectas que van desde el punto de corte de una de las trayectorias con la línea de las 7 hasta el punto de corte de la otra trayectoria solar con la de las 5, el de las 8 con el de las 6, etc., obteniendo así de modo sencillo, sin necesidad de trazar ni la cónica circumpolar ni sus tangentes, las líneas horarias babilónicas. Este procedimiento de diseño es el más recomendable para relojes babilónicos declinantes, es decir se parte del reloj astronómico declinante correspondiente, pero con las trayectorias solares de declinación de unos 16°, y luego se hace lo ya indicado antes. Con este criterio está hecho el reloj declinante de El Paular, y por eso sólo es válido desde mayo hasta octubre, pues las trayectorias solares que lo limitan no son las del sol en los solsticios, cuando la declinación es de ± 23° 27' sino que corresponden a una declinación del sol de unos 16°.

Es cierto que nosotros sólo hemos hablado de paso, de las horas que faltaban para el ocaso[52], que en la literatura clásica se llamaban itálicas o atenienses, pero es fácil intuir que sus líneas horarias serán simétricas respecto a las babilónicas, y por tanto fáciles de trazar o programar siguiendo los mismos criterios. Dichas líneas horarias aparecen también en casi todos los cuadrantes solares a la vez que las babilónicas, como sucede en los de El Paular y del Palacio de Topkapi. Tenemos que decir que no es fácil encontrar un reloj de sol de horas babilónicas (las indicadas *ab ortu*) e itálicas (las indicadas *ab occasu)* que tenga la claridad y el tamaño de éste del Monasterio de El Paular. Se trata de un reloj de sol vertical declinante hacia el este, de manera que el plano normal al reloj y el meridiano local forman un ángulo diedro de unos 25°. Puede observarse que la aguja del gnomon en el cuadrante babilónico no está orientada al polo norte, sino vertical a la pared, como debe hacerse, lo cual basta para que la sombra de la punta del gnomon nos indique las horas trascurridas desde el orto o las que faltan para el ocaso.

Fig. 39ª El reloj del Paular es un reloj de sol vertical declinante hacia el este, de manera que el plano normal al reloj y el meridiano local forman un ángulo diedro de unos 25°. Las líneas rojas señalan las horas itálicas mientras que las azules indican las babilónicas. Nótese que la aguja del gnomon en el cuadrante babilónico no está orientada al polo norte, sino vertical a la pared. Este reloj sólo es válido desde mayo hasta octubre. La fotografía nos la proporcionó el superior del Monasterio.

---

52 A veces se contaban las horas transcurridas desde el ocaso anterior.

Una de las ventajas que tienen los relojes babilónicos es que no necesitan la corrección de longitud, y aunque como es lógico los relojes babilónicos pueden ser también horizontales o inclinantes, y verticales, tanto meridionales como declinantes, el único cuidado que hay que poner es definir claramente la latitud del sitio de su colocación. Estos relojes sí pueden trasladarse a otros lugares siempre que sean de la misma latitud. Como curiosidad reseñamos que el reloj de Topkapi en Estambul, que funciona correctamente, ha sido manipulado en la colocación del gnomon, por lo que creemos que no fue diseñado para la latitud en que ahora se encuentra, y aunque no pudimos hacer medidas precisas sobre él, tenemos la intuición de que la latitud original era la de Alejandría o El Cairo.

Por último es interesante la reflexión de que la ecuación del tiempo no afecta prácticamente a los relojes babilónicos, pues se da también al orto del sol, y no sólo al mediodía. Y aún es más interesante el saber que los cambios horarios que impone la vida civil para aprovechar mejor la luz solar y ahorrar consiguientemente energía eléctrica, no se reflejarán en los relojes solares babilónicos o itálicos. Dichos cambios, y la imposición de una hora oficial referida al meridiano de Greenwich, frente a la meramente local que dan los relojes solares tradicionales, hizo a éstos últimos carecer de utilidad y trasformarse en muchos casos en meros objetos decorativos, cuando no fueron destruidos, pero no sucede lo mismo en los relojes de horas babilónicas, que no se alteran con el cambio de horas verano-invierno. Particularmente sugerimos que esto lo podían tener en cuenta los arquitectos y urbanistas para adornar nuestras ciudades con relojes solares de horas itálicas o babilónicas, aunque tengamos que reconocer la dificultad de su lectura.

RELOJES LUNARES

INTRODUCCIÓN

Un reloj lunar es un instrumento que, a imitación de los relojes de sol, sirve para conocer la hora a partir de las indicaciones que nos da la sombra de un gnomon, proyectada por la luz de la luna sobre la superficie o cuadrante del instrumento. Se conocen muy pocos relojes lunares, e incluso la literatura sobre ellos es más bien escasa. Esto parece sugerir que no son excesivamente útiles, o que carecen de interés. Incluso se han confundido a menudo con los relojes solares de horas babilónicas, o con relojes solares un tanto complicados, como los polares. Nuestra experiencia nos sugiere la malévola reflexión de que cuando un reloj de sol es de difícil interpretación, en seguida se considera como reloj lunar.

Hemos explicado ya esta cuestión en el 5º Encuentro Ibérico para la Enseñanza de la Física, que tuvo lugar en Santiago de Compostela en el año 1995, junto con la Bienal de Física. Allí nos remitimos para los que quieran saber algo más sobre tan curiosos instrumentos.

De estos relojes lunares, no tenemos noticia de que se incluyeran en las obras de gnomónica hasta entrado el siglo XVII. El jesuita Milliet Dechales comenta una obrita, vertida del italiano al latín y publicada en Venecia en 1602, de un tal Juan Pablo Gallucci Salodiano o Saloense, el cual parece que describe la fabricación de un reloj portátil, muy útil para la navegación y la cosmografía, que es al mismo tiempo un reloj de sol, un reloj lunar y un reloj sidéreo. De la obra dice Milliet Dechales que es vulgar y de poca importancia, mientras que del instrumento en sí no hace ningún comentario.

Ya entrado el XVII nos hablarán de relojes lunares Atanasio Kircher, en una de sus curiosas obras, el mismo Milliet Dechales en su *Cursus seu Mundus Mathematicus* y, a finales del mismo siglo, el P. Tomás V. Tosca que nos habla en castellano de relojes lunares en su *Tratado de Arquitectura... y Reloxes*. Por último, y ya en el siglo XVIII, hemos encontrado una buena explicación de los relojes lunares en los *Elementa Matheseos Universae* de Christian Wolff.

DESCRIPCIÓN Y DISEÑO

De los tres tipos clásicos de diseño de relojes lunares que presentamos en el Encuentro, incluimos aquí el dibujo de una de ellos que se encuentra en el libro citado de Ch. Wolff.

El dibujo sugiere que el diseño y construcción de estos relojes son ligeramente complicados, y de hecho sucede así en los tres tipos que conocemos. Como es lógico hay que tener en cuenta el movimiento y trayectorias de la luna a lo largo de todas las noches de un mes sinódico, pero lo peor es que para su lectura o interpretación es preciso saber exactamente, cada vez, la edad de la luna. Por ello la utilidad de alguno de estos relojes hoy día podría ser la inversa: Leer las indicaciones de la sombra nos puede servir para conocer la edad de la luna, siempre que dispongamos también de reloj convencional.

De relojes lunares concretos, no portátiles, sólo tenemos noticia de que el jesuita Francisco de Saint Rigaud diseñó uno en el siglo XVII, que servía para saber la edad de la luna, es decir con funciones más de calendario lunar que de reloj. Este reloj parece que se construyó en el

Colegio de Jesuitas de Lyón, pero habiendo indagado sobre si todavía se conserva hemos obtenido respuesta negativa.

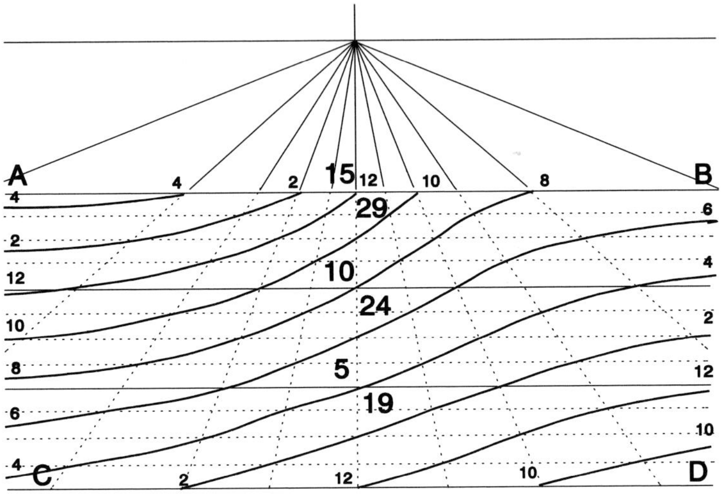

Fig. 40ª El reloj lunar de Ch. Wolff está trazado sobre un reloj de sol convencional. La línea AB corresponde al plenilunio y la CD, al novilunio. Los números grandes indican la edad de la luna. La hora es la de los números pequeños. Las líneas curvas representan la variación de la posición de la luna respecto al sol a lo largo del mes sinódico.

La utilidad, en toda época histórica, de los relojes lunares fijos no debió ser mucha, a pesar de que la luz de la luna no es tan poca que no se pueda apreciar con claridad la sombra del gnomon, incluso cuando no hay luna llena. Aunque hemos de confesar que esto es cierto en noches serenas, y naturalmente lejos de la enorme polución luminosa de nuestras ciudades y pueblos. Fueron sin duda más útiles y más extendidos los portátiles, aunque también tienen el inconveniente de que, no sólo para construirlos, sino hasta para interpretarlos, se necesitan conocimientos astronómicos que están por encima de los que tiene el común de los mortales[53].

Queremos añadir algo que nos ha dado la experiencia de construir un reloj solar de horas babilónicas, que son las que se cuentan a partir del orto del sol. Hemos podido observar en uno de dichos relojes que la luna llena da suficiente sombra para marcar la hora en el reloj, incluso en la

[53] También se elaboraron curiosos relojes sidéreos, de uso nocturno, que podremos describir en otra ocasión, pues no se acomodan al proyecto previsto para este libro.

ciudad. Y como la luna cada noche se mueve en la bóveda celeste por el movimiento de la tierra alrededor de su eje, no hay ninguna diferencia, hasta aquí y en principio, entre un reloj de sol y un supuesto reloj lunar. Si la sombra de la luna está en la línea babilónica de las 4, por ejemplo, ello nos dice que hace cuatro horas que salió la luna por el horizonte.

Sin embargo como la luna tiene un movimiento propio respecto a la bóveda, de forma que recorre unos 372° en las 24 horas, en lugar de los prácticamente 360° que recorre el sol, por eso las horas babilónicas solares no serán exactamente iguales a las horas babilónicas lunares, pero la corrección no es difícil de realizar. Por otro lado la luna no se mueve sólo por la zona zodiacal, sino que prácticamente lo hace en una zona comprendida entre +29° y −29°. Ésta sería otra corrección a añadir en el diseño, lo que proporcionaría un sencillo reloj lunar babilónico, aunque su uso estuviese restringido, en ciudad y debido a la polución lumínica, al tiempo cercano, anterior y posterior, a la luna llena para ser completamente operativo.

Conclusión

Elaborar calendarios no es sino nombrar, numerar y clasificar el paso de los días. Utilizar relojes no es sino ordenar el paso del tiempo de cada día. Ambas cosas han sido logros espectaculares de la humanidad, dignos de consideración y estudio. Pero el hombre moderno sigue sin aprehender el tiempo, sin dominarlo, e influido por el perenne mito de la eterna juventud, admite cada vez peor el transcurrir del mismo. Cada vez es mayor el miedo a la vejez, a la supuesta fealdad de la vejez, cada vez mayor el miedo a la muerte por enfermedad incontrolada, aunque no temamos tanto la que se deba a nuestra imprudencia, inconsciencia o a malos comportamientos. Algunos deciden, por otro lado y para justificar su modo y manera de obrar y de pensar, manipular la historia, porque incapaces de dominar el tiempo futuro, prefieren moldear torpemente el tiempo pasado. Como en la antigüedad siguen queriendo dominar a los hombres llevando, supuestamente, las riendas del tiempo.

Todo ello es cierto, pero lo terrible para el hombre es que sea el tiempo el que nos domine, y sobre todo que no podamos volver hacia atrás la maquinaria del tiempo. Cuando Isaías, en el s. VIII a. C., promete al rey Ezequías que Yavé le sanará, Ezequías pregunta: «“¿Con qué señal conoceré yo que Yavé me curará, y que el tercer día subiré a la casa de Yavé?” Isaías le respondió: “He aquí la señal por la que conocerás que Yavé cumplirá la palabra que ha pronunciado: La sombra avanzará diez grados o retrocederá diez grados”. Y Ezequías dijo: “Poca cosa es que avance diez grados; no así que retroceda diez grados”. Entonces Isaías, profeta, invocó a Yavé, que hizo retroceder diez grados la sombra en el reloj de Ajaz.»[54]

Daríamos varios años de nuestra vida no sólo por poder ver tal prodigio, sino incluso por contemplar el reloj de sol y sombra que el rey Ajaz, padre de Ezequías, había mandado construir en Israel ocho siglos antes de nuestra Era[55].

Fig. 41ª Esto es parte del fresco de la Biblioteca del Monasterio de El Escorial. Pintado por Pellegrini Tibaldi. En él se recoge el prodigio del que hablamos en el texto. No este el lugar para criticar lo desgraciado del diseño del reloj, o del gnomon, cuya sombra sería incapaz de darnos la hora, si de un reloj real se tratase.

[54] 2 Reyes **20**, 9-11, en la Versión de Nácar-Colunga.

[55] Puede verse en las paredes de la Biblioteca de El Escorial la representación del prodigio.

APÉNDICE MATEMÁTICO

LA PROYECCIÓN GNOMÓNICA

Proyección gnomónica sobre un plano horizontal

Es la que se realiza tomando como punto de vista el centro de la esfera. El plano de proyección, paralelo al del horizonte, puede estar a cualquier distancia ζ_o del centro. Pero por comodidad, en las fórmulas tomaremos el plano en el polo superior, por tanto a la distancia unidad.

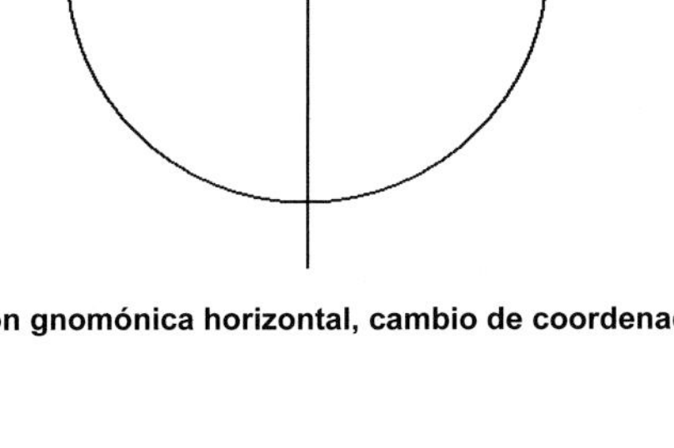

Fig. 42ª Proyección gnomónica horizontal, cambio de coordenadas

Las fórmulas de paso al plano horizontal desde la superficie esférica son, como se ve en la figura:

$$x = \frac{\xi}{\zeta} \qquad y = \frac{\eta}{\zeta}$$

las de paso inverso, algo más complicadas, serán:

$$\xi = \frac{x}{\sqrt{1+x^2+y^2}} \qquad \eta = \frac{y}{\sqrt{1+x^2+y^2}} \qquad \zeta = \frac{1}{\sqrt{1+x^2+y^2}}$$

donde, para calcularlas, se ha tenido en cuenta que:

$$\xi^2 + \eta^2 + \zeta^2 = 1$$

Vamos a demostrar que los círculos máximos de la esfera se proyectan como rectas, pero que en general las circunferencias en la superficie esférica se proyectan en el plano como cónicas, que en algún caso se reducen a dos rectas coincidentes. En efecto, un círculo máximo lo determina todo plano que pase por el centro de la esfera, el cual tendrá como ecuación en el espacio

$$\mathrm{A}\xi + \mathrm{B}\eta + \mathrm{C}\zeta = 0$$

y substituyendo los valores de ξ, η, ζ dados antes, tendremos la ecuación de una recta en el plano

$$\mathrm{A}x + \mathrm{B}y + \mathrm{C} = 0$$

Sin embargo, círculos sobre la esfera que no sean máximos los determinarán los planos que corten a la esfera sin pasar por el centro, y que tendrán como ecuación

$$\mathrm{A}\xi + \mathrm{B}\eta + \mathrm{C}\zeta + \mathrm{D} = 0$$

Haciendo la substitución anterior el resultado es una curva de ecuación general dada por

$$(\mathrm{A}^2 - \mathrm{D}^2)\, x^2 + (\mathrm{B}^2 - \mathrm{D}^2)\, y^2 + 2\mathrm{AB}\; xy +$$
$$+ 2\mathrm{AC}\; x + 2\mathrm{BC}\; y + \mathrm{C}^2 - \mathrm{D}^2 = 0$$

que vemos es una cónica.

Las circunferencias paralelas al horizonte, que son las almicantaradas se proyectan como circunferencias centradas, porque en tal caso A y B son nulos. Nótese que, con los supuestos dichos, el horizonte no puede proyectarse en el plano gnomónico, lo que es evidente por la definición de esta proyección.

Trayectorias solares en proyección gnomónica

Tomando la ecuación del plano del ecuador en coordenadas esféricas, plano que contiene al eje η:

$$\xi + \tan\varphi\,\zeta = 0$$

y pasando a gnomónicas, tendremos en el plano:

$$x + \tan\varphi = 0 \quad \Rightarrow \quad x = -\tan\varphi$$

que es la proyección del ecuador. Por tanto la trayectoria solar en los equinoccios queda proyectada como una recta paralela al eje *y*.

Es evidente de la figura que la proyección del P.N. es un punto que tendrá en el plano *xy* las coordenadas $(\cot\varphi, 0)$. Y para los trópicos, planos paralelos al ecuador que indican la trayectoria solar en los solsticios, tomaremos como siempre la ecuación del plano de un paralelo cualquiera:

$$\xi + \tan\varphi\,\zeta = \frac{\operatorname{sen}\delta}{\cos\varphi}$$

donde δ es la declinación del sol.

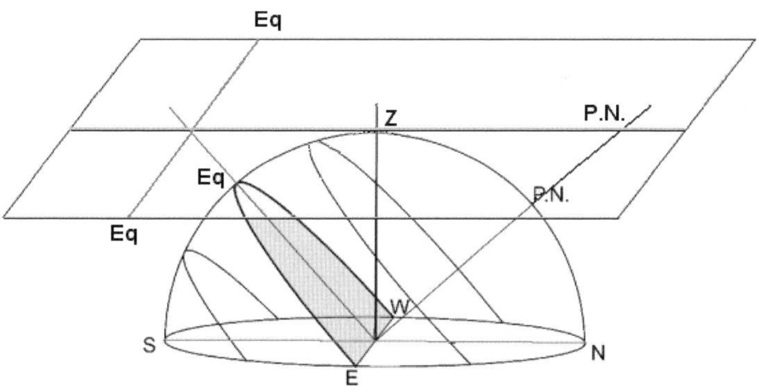

Fig. 43ª Proyección gnomónica del ecuador

Pasando a gnomónicas nos queda la ecuación de una cónica, que en general, es una hipérbola de dos ramas:

$$x^2\left(1-\frac{\operatorname{sen}^2\delta}{\cos^2\varphi}\right)-y^2\,\frac{\operatorname{sen}^2\delta}{\cos^2\varphi}+2\,x\,\tan\varphi+$$

$$+\left(\tan^2\varphi-\frac{\operatorname{sen}^2\delta}{\cos^2\varphi}\right)=0$$

Si la declinación δ alcanza el valor $\pm\,\varepsilon$, *oblicuidad*, tendremos las trayectorias en los solsticios. Una en el solsticio de invierno y la otra en el de verano. Siempre dependen de la latitud φ, como lo ilustran las figuras 22 y 44.

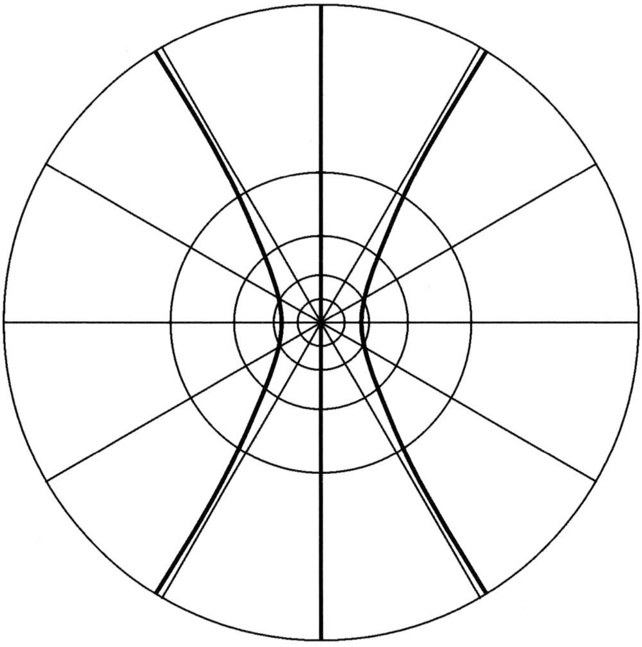

Fig. 44ª Trayectorias solares para la latitud φ = 0°

Líneas horarias en gnomónicas: Rectas horarias

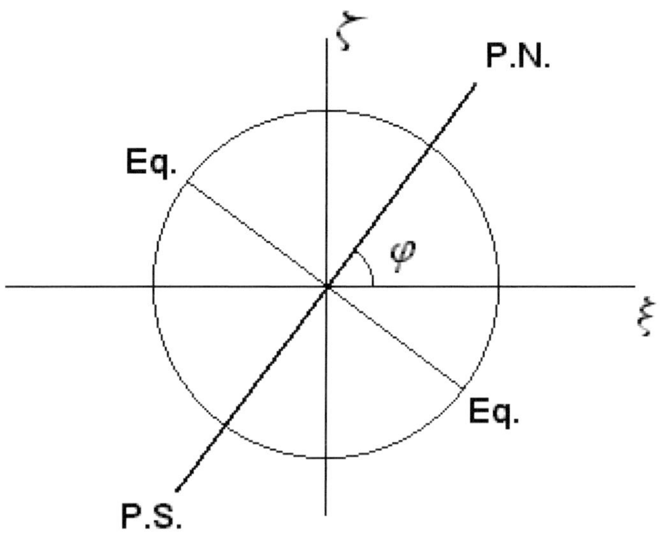

Fig. 45ª El eje del mundo

La figura nos permite ver que el eje del mundo es intersección de dos planos:

$$\xi = \cot\varphi\,\zeta$$
$$\eta = 0$$

El primero es perpendicular al ecuador, y el segundo es el plano meridiano. El haz de planos que pasan por el eje del mundo vendrá dado por:

$$\eta + \lambda(\xi - \zeta\cot\varphi) = 0$$

Y el ángulo entre el meridiano y un plano concreto del haz será:

$$\cos H = \frac{1}{\sqrt{\lambda^2 + \lambda^2\cot^2\varphi + 1}}$$

donde *H* es precisamente el ángulo horario. De aquí se puede ver que

$$\lambda = \operatorname{sen}\varphi \tan H$$

Por tanto la ecuación en el espacio de los distintos planos meridianos en función del ángulo horario será:

$$\operatorname{sen}\varphi \tan H\ \xi + \eta - \cos\varphi \tan H\ \zeta = 0$$

Esta ecuación nos permite, pasando a gnomónicas, encontrar la ecuación de las líneas horarias en el plano, proyección gnomónica de los meridianos:

$$y = -x \operatorname{sen}\varphi \tan H + \cos\varphi \tan H$$

que, en esta proyección, son rectas en el plano, que se cortan en la proyección del P.N., es decir en el punto $(\cot\varphi, 0)$. Esta ecuación nos da también las rectas horarias en un reloj de sol que, en principio, esté paralelo al suelo, para la latitud φ, siempre que en él tomemos, como eje *x*, el meridiano.

La pendiente de las rectas horarias en el plano gnomónico es

$$m = -\operatorname{sen}\varphi \tan H$$

que responderá a un ángulo

$$\vartheta = \arctan\ (-\operatorname{sen}\varphi \tan H)$$

que es el que las sombras del estilete o gnomon forman con el eje de las *x*, proyección del meridiano, para cada ángulo horario *H*.

Si se analiza esta fórmula vemos que los ángulos de las líneas horarias dependen de la latitud, de forma que los relojes horizontales serán de distinto diseño para cada φ, como puede verse en la figura 22. Las variaciones serán tan amplias como lo permitan los valores de dicha latitud. Así, en el ecuador las rectas horarias son paralelas al eje *x*, ya que entonces nos quedará como ecuación de las rectas horarias el conjunto:

$$y = \tan H$$

En efecto, en el plano gnomónico horizontal y para la latitud φ = 0°, el P.N. es el punto del infinito y los meridianos se convierten en paralelas, como lo ilustra la figura 46. Mientras que si fuese φ = 90°, las rectas horarias pasarán por el centro del plano gnomónico, donde se proyecta en este caso el P.N., por coincidir con el zenit, y el ángulo *H* es el que se da entre ellas y la proyección del meridiano. El reloj es igual que el meridional ya descrito, de la figura 36.

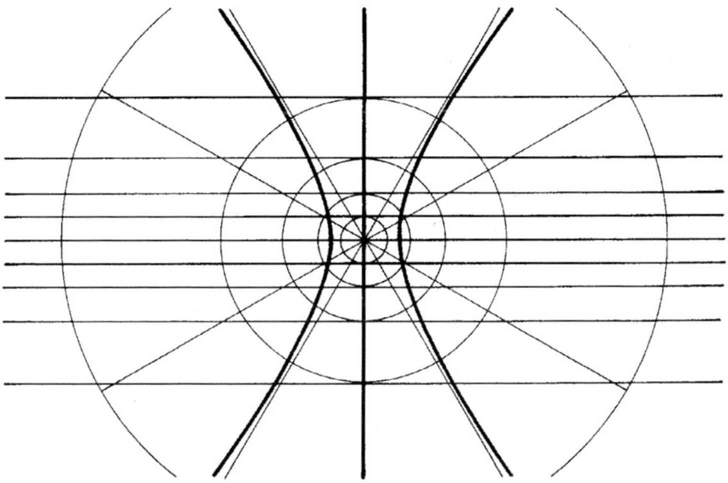

Fig. 46ª Trayectorias solares y líneas horarias para la latitud $\varphi = 0°$

Es importante tener esto en cuenta porque los relojes de sol de una cierta latitud están afectados por el ángulo de inclinación respecto al horizonte. De manera que el reloj ecuatorial en una latitud cualquiera es similar al reloj horizontal en la latitud de 90°. Y los relojes que miran al E o al W, lo son a los relojes verticales situados en el ecuador, de latitud 0°.

Proyección gnomónica sobre un plano vertical

Se toma como punto de vista el centro de la esfera. El plano de proyección, perpendicular al del horizonte, puede estar a cualquier distancia ξ_0 del centro. Pero también aquí por comodidad, tomaremos el plano a la distancia unidad.

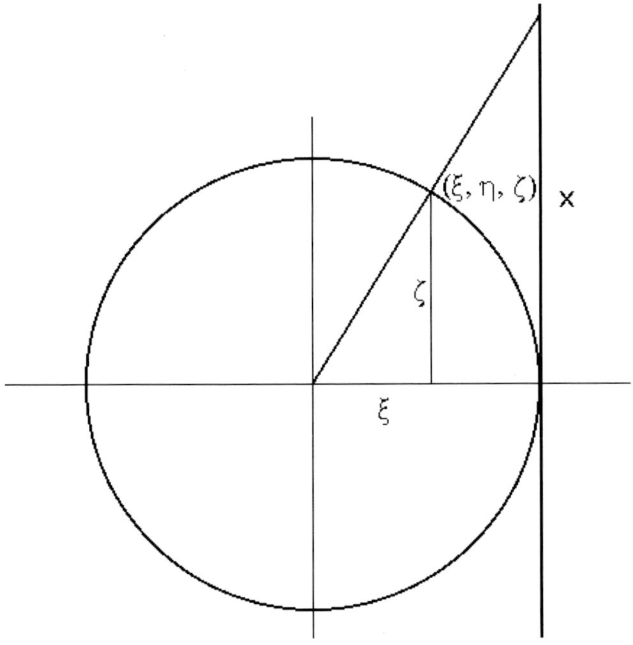

Fig. 47ª Proyección gnomónica vertical, cambio de coordenadas

Las fórmulas de paso al plano vertical desde la superficie esférica son, como se puede comprobar en la figura 47:

$$x = \frac{\zeta}{\xi} \qquad y = \frac{\eta}{\xi}$$

y las de paso inverso serán ahora:

$$\xi = \frac{1}{\sqrt{1 + x^2 + y^2}} \qquad \eta = \frac{y}{\sqrt{1 + x^2 + y^2}} \qquad \zeta = \frac{x}{\sqrt{1 + x^2 + y^2}}$$

Trayectorias solares en proyección gnomónica vertical

Tomando la ecuación del plano del ecuador en coordenadas esféricas, plano que contiene al eje η, y que será también:

$$\xi + \tan\varphi\, \zeta = 0$$

el paso a gnomónicas nos dará esta vez:

$$1 + x\tan\varphi = 0 \quad \Rightarrow \quad x = -\cot\varphi$$

que es la proyección del ecuador. Por tanto la trayectoria solar en los equinoccios queda proyectada también, en el reloj vertical, como una recta paralela al eje *y*. Esta vez el P.N. es el punto de coordenadas $(\tan\varphi, 0)$.Y para los trópicos, planos paralelos al ecuador, que indican la trayectoria solar en los solsticios, pasaremos a gnomónicas la ecuación del plano de un paralelo cualquiera:

$$\xi + \tan\varphi\, \zeta = \frac{\operatorname{sen}\delta}{\cos\varphi}$$

donde δ es la declinación del sol.

Nos quedará también la ecuación de una cónica, que en general, es una hipérbola de dos ramas:

$$x^2\left(\tan^2\varphi - \frac{\operatorname{sen}^2\delta}{\cos^2\varphi}\right) - y^2\,\frac{\operatorname{sen}^2\delta}{\cos^2\varphi} + 2\,x\tan\varphi +$$
$$+\left(1 - \frac{\operatorname{sen}^2\delta}{\cos^2\varphi}\right) = 0$$

Si la declinación δ del sol alcanza el valor $\pm\,\varepsilon$, *oblicuidad*, tendremos también aquí las trayectorias en los solsticios. Una en el solsticio de invierno y la otra en el de verano. Siempre dependen de la latitud φ.

Rectas horarias en proyección gnomónica vertical

La ecuación de los planos meridianos:

$$\operatorname{sen}\varphi \tan H\ \xi + \eta - \cos\varphi \tan H\ \zeta = 0$$

nos permite, pasando a gnomónicas verticales, encontrar la ecuación de las curvas horarias, proyección gnomónica de los meridianos en el plano vertical:

$$y = x \cos\varphi \tan H - \operatorname{sen}\varphi \tan H$$

rectas en el plano, que se cortan, como es lógico, en la proyección del P.N. Esta ecuación nos da también las rectas horarias en un reloj de sol que, en principio, es vertical, para la latitud φ. La pendiente de las rectas horarias en el plano gnomónico es

$$m = \cos\varphi \tan H$$

que responderá a un ángulo

$$\vartheta = \arctan(\cos\varphi \tan H)$$

que es el que las sombras del estilete o gnomon forman con el eje de las *x*, proyección del meridiano, para cada ángulo horario *H*.

En el P.N. las rectas horarias son paralelas al eje *x*, ya que entonces nos quedará:

$$y = -\tan H$$

En efecto, para la latitud φ = 90°, el P.N. está en el zenit, pero en el plano gnomónico vertical no puede proyectarse. Mientras que en el ecuador, es decir a la latitud φ = 0°, las rectas horarias pasan por el centro del plano gnomónico vertical, donde se proyecta en este caso el P.N.

Como se ha visto todas las fórmulas del reloj vertical podrían haberse obtenido con las del horizontal sin más que cambiar la latitud φ por la colatitud $90° - \varphi$, y el signo del eje *x*.

Siguiendo las pautas geométricas que hemos dado, es posible calcular las rectas horarias en cualquier cuadrante solar cuyo plano no sea ni horizontal ni vertical, o de los verticales que no sean meridionales. Es decir, podemos calcular, y por consiguiente diseñar, cualquier reloj de sol en todas las posiciones y en todas las latitudes, y ello incluso para los que no dominan la técnica del dibujo proyectivo.

RELOJ HORIZONTAL INCLINANTE

Líneas horarias y Trayectorias solares

Un reloj está inclinado respecto al horizonte cuando su plano no es perfectamente paralelo a aquél. Pero podemos considerar que el plano del reloj ha girado sobre el eje x o sobre el eje y. Recordemos que en los mapas gnomónicos horizontales el eje *x* es el que contiene la proyección del zenit y la del polo norte, mientras que el eje *y* es paralelo al ecuador. Se opera distinto en cada caso. Cuando el reloj ha pivotado sobre el eje *y*, se puede comprobar que lo más cómodo es suponer una latitud distinta de la latitud del lugar y que tenga que ver con la inclinación del plano. Es decir que consideraremos el reloj inclinante como un reloj horizontal en una nueva latitud. Sobre esa latitud se puede trabajar y diseñar el reloj. Y cuando el reloj pivota sobre el eje x, lo práctico será considerar el reloj como vertical declinante en una latitud que sea igual a la colatitud del lugar.

Así por ejemplo, si queremos construir en los alrededores de Valladolid un reloj que tenga, por exigencias del terreno, una inclinación de 25° respecto al plano del horizonte (con giro sobre el eje y) nos fijaremos lo primero de todo en si los 25° son positivos o negativos y después construiremos un reloj horizontal para una latitud de $42° + 25° = 67°$ o bien para la latitud de $42° - 25° = 17°$, donde tomamos la latitud de Valladolid en primera aproximación como de 42°. Si la inclinación fuese de –42°, en un lugar de latitud de 42°, como sucede en las cercanías de Valladolid, el gnomon del reloj quedaría en el plano del cuadrante y conviene elevarlo un poco y mantenerlo paralelo al reloj para conseguir un poco de sombra. Es como si el reloj estuviese horizontal en un país de latitud 0°. A este tipo de relojes que contienen el meridiano en su cuadrante hemos visto que se les puede llamar polares.

Supongamos ahora que la inclinación de 25° hubiese sido consecuencia de un giro sobre el eje *x*, lo que tendríamos que hacer es diseñar un reloj vertical declinante para una latitud de 48°.

Naturalmente un reloj puede ser declinante e inclinante a la vez, y lo más aconsejable es estudiar detenidamente la posición del plano en que estará colocado el reloj. De hecho nosotros hemos diseñado, para nuestra latitud y longitud, un reloj en las caras de una pirámide triangular cuando las tres caras laterales son ortogonales entre sí, y también otro distinto para las caras de un tetraedro regular. En ambos casos ha sido preciso primero calcular la inclinación y declinación de cada una de las caras.

Reloj ecuatorial

Un reloj ecuatorial o equinoccial es, como sabemos, un cuadrante colocado paralelo al ecuador celestial, con el gnomon perpendicular al cuadrante. En este caso el plano del reloj forma un cierto ángulo con el del horizonte y por ello es un reloj inclinante. Si recordamos los mapas solares de proyección gnomónica, un reloj ecuatorial sería un reloj horizontal colocado en el polo norte de la tierra, o también un reloj vertical no declinante colocado en cualquier punto de nuestro ecuador. Por eso el reloj ecuatorial forma con el horizonte, en cualquier punto de la tierra, un ángulo igual a la colatitud, o sea $90° - \varphi$.

Bastará con diseñar, mediante la proyección gnomónica que hemos utilizado, un mapa solar en el lugar de latitud 90°. Entonces, el zenit y el polo norte coincidirán en el centro del plano de la proyección, y por ello en este mapa las líneas horarias astronómicas, que son las proyecciones de los meridianos, serán rectas concurrentes en el centro del reloj, rectas que forman entre ellas, en este caso, un ángulo constante de 15°, como en los husos horarios de la superficie terrestre. Puede verse la figura 36.

RELOJ VERTICAL DECLINANTE

Líneas horarias

Supongamos una declinación del reloj vertical. Aquí declinación es la definida para las paredes, o ángulo que ha de girarse el cuadrante para pasar de reloj meridional a uno que coincida con el plano de la pared. Ello quiere decir que habrá que introducir un cambio de coordenadas en ξ y η, mientras que la coordenada ζ no varía. Luego si se tiene en cuenta el parámetro *d*

$$\begin{aligned} \xi &\Rightarrow \operatorname{sen} d\ \xi + \cos d\ \eta \\ \eta &\Rightarrow -\cos d\ \xi + \operatorname{sen} d\ \eta \end{aligned}$$

Obsérvese que cuando *d* = 90°, no hay cambio, y significa que la pared no es declinante. Por tanto *d* es el ángulo entre el plano del cuadrante y el plano del meridiano, y es el ángulo complementario del que hemos definido como declinación de la pared. *d* puede variar desde 0° hasta 180°, aunque en general se tome la declinación de la pared de 0° a 90°, distinguiendo entre declinación Este u Oeste.

Entonces la ecuación de los meridianos

$$\operatorname{sen}\varphi \tan H\ \xi + \eta - \cos\varphi \tan H\ \zeta = 0$$

se transforma en:

$$(\operatorname{sen}\varphi \tan H \operatorname{sen} d - \cos d)\,\xi + (\operatorname{sen}\varphi \tan H \cos d + \operatorname{sen} d)\,\eta -$$
$$- \cos\varphi\ tgH\ \zeta = 0$$

que, proyectada en el plano gnomónico vertical nos dará:

$$y = \frac{\cos\varphi \tan H}{\operatorname{sen}\varphi \tan H \cos d + \operatorname{sen} d}\, x - \frac{\operatorname{sen}\varphi \tan H \operatorname{sen} d - \cos d}{\operatorname{sen}\varphi \tan H \cos d + \operatorname{sen} d}$$

lo que significa que la pendiente de estas rectas horarias viene dada por

$$m = \frac{\cos\varphi \tan H}{\operatorname{sen}\varphi \tan H \cos d + send} = \frac{\cos\varphi}{\operatorname{sen}\varphi\ \cos d + \operatorname{sen} d \cot H}$$

y por tanto el ángulo en el plano será:

$$\vartheta = \arctan\left(\frac{\cos\varphi \tan H}{\operatorname{sen}\varphi \tan H \cos d + \operatorname{sen} d}\right) =$$
$$= \arctan\left(\frac{\cos\varphi}{\operatorname{sen}\varphi\ \cos d + \operatorname{sen} d \cot H}\right)$$

que es el que las sombras del estilete o gnomon forman con el eje de las *x*, proyección del meridiano local, para cada ángulo horario *H*.

Trayectorias solares

El plano del ecuador en el espacio tendrá ahora como fórmula:

$$\operatorname{sen} d\ \xi + \cos d\ \eta + \tan\varphi\ \zeta = 0$$

pasando al plano gnomónico se proyectará como la recta

$$y = -\frac{\tan\varphi}{\cos d}\, x - \tan d$$

que evidentemente tiene de pendiente

$$m = -\frac{\tan\varphi}{\cos d}$$

y si tomamos los planos paralelos de declinación, tendremos en coordenadas espaciales

$$\operatorname{sen} d\ \xi + \cos d\ \eta + \tan\varphi\ \zeta = \frac{\operatorname{sen}\delta}{\cos\varphi}$$

que proyectados en el plano vertical declinante nos dan:

$$x^2\left(\tan^2\varphi - \frac{\operatorname{sen}^2\delta}{\cos^2\varphi}\right) + y^2\left(\cos^2 d - \frac{\operatorname{sen}^2\delta}{\cos^2\varphi}\right) + 2xy\cos d\tan\varphi +$$

$$+2x\operatorname{sen} d\ \tan\varphi + 2y\operatorname{sen} d\cos d + \operatorname{sen}^2 d - \frac{\operatorname{sen}^2\delta}{\cos^2\varphi} = 0$$

que son dos ramas de una cónica. Y si la declinación δ alcanza el valor $\pm\varepsilon$, *oblicuidad*, tendremos las trayectorias en los solsticios para el reloj declinante: Una en el solsticio de invierno y la otra en el de verano, como se dijo anteriormente. También aquí vemos la dependencia con la latitud φ. Es claro que cuando el ángulo *d* vale 90° volvemos al reloj no declinante, pero cuando *d* = 0°, 180°, tendremos la siguiente fórmula:

$$x^2\left(\tan^2\varphi - \frac{\operatorname{sen}^2\delta}{\cos^2\varphi}\right) + y^2\left(1 - \frac{\operatorname{sen}^2\delta}{\cos^2\varphi}\right) \pm 2xy\tan\varphi -$$

$$-\frac{\operatorname{sen}^2\delta}{\cos^2\varphi} = 0$$

que nos da, cuando $\delta = \varepsilon$, las trayectorias solares en los solsticios para los relojes polares, es decir aquellos que miran al este o al oeste, en los que la recta de la trayectoria equinoccial es:

$$y = \mp\tan\varphi\ x$$

Véase la figura 31.

Medida de la declinación de la pared

Sobre la pared se traza una perpendicular, BA, con ayuda de una plomada. (Naturalmente es mejor recubrir la pared con un papel, antes de pintarrajearla). En el punto B se fija la plomada después de haber puesto una mesa o tabla perfectamente horizontal con un papel en el que dibujar la sombra que proyecta BC sobre él. La sombra de BC aparecerá también en la pared pero no vertical.

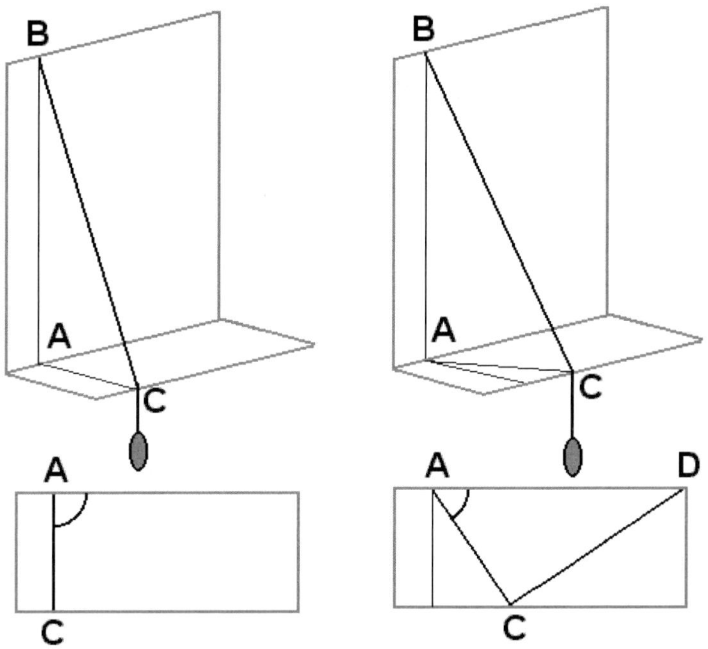

Fig. 48ª Medida de la declinación de una pared

Se espera a que sea exactamente la hora de mediodía del día de la medida, es decir la hora en que el sol estará en el meridiano local. Para conocerla debemos corregir la hora civil ajustándola a la corrección de longitud, y además tener en cuenta la ecuación del tiempo. En ese momento se procura que la sombra de la cuerda de la plomada coincida exactamente con la vertical. Se señalan en el folio el punto A y el punto C. Al ángulo CAD lo llamamos ángulo d. El ángulo complementario de d es la declinación de la pared. En efecto si la pared no tiene declinación se verá que el ángulo d es de 90°.

Como la declinación puede ser al este o al oeste, el ángulo d puede estar también a la izquierda de A. Se tiene en cuenta que en el momento del mediodía, la dirección AC es la dirección Sur. Por tanto en el dibujo la declinación de la pared es hacia el Oeste, ya que está (para nuestro punto de vista) a la derecha. En caso contrario sería declinación Este. La recta CD perpendicular a AC es auxiliar, y permite medir el ángulo mediante las medidas con regla de AC y CD, y el cálculo del arco tangente.

Si la pared no es muy accesible se puede hacer la medida sobre otra pared, más accesible, de la que se esté seguro que tiene la misma orientación, paralela, o que tiene orientación opuesta de 180° u orientación de 90° respecto a la primera. Se hacen las correcciones pertinentes.

RELOJ BABILÓNICO

Reloj babilónico horizontal

Se utiliza la propiedad de que las líneas babilónicas son las tangentes a la cónica circumpolar, trazadas en los puntos de corte con las líneas horarias astronómicas. Si en la ecuación, que dimos para el reloj horizontal, de un paralelo cualquiera de declinación δ

$$x^2\left(1-\frac{\operatorname{sen}^2\delta}{\cos^2\varphi}\right)-y^2\frac{\operatorname{sen}^2\delta}{\cos^2\varphi}+2\,x\tan\varphi+$$

$$+\left(\tan^2\varphi-\frac{\operatorname{sen}^2\delta}{\cos^2\varphi}\right)=0$$

sustituimos δ por $90-\varphi$ nos estaremos refiriendo a la cónica circumpolar, que se regirá por la fórmula:

$$-y^2+2x\tan\varphi+(\tan^2\varphi-1)=0$$

y que para el reloj horizontal es claramente una parábola.

La intersección de la parábola con los diferentes meridianos

$$y=-x\operatorname{sen}\varphi\tan H+\cos\varphi\tan H$$

nos dará los puntos x_k, y_k en los que las tangentes a dicha parábola son precisamente las líneas horarias babilónicas. Esos puntos son naturalmente funciones de la latitud y del ángulo horario. Supuesta fija la latitud, los ángulos horarios se incrementan en 15° si se quieren horas astronómicas y en 7,5° si se quiere también representar las medias horas. No damos las fórmulas de los punto x_k, y_k porque son excesivamente complicadas en su generalidad, pero mucho más simples si se calculan concretamente para una latitud y un ángulo horario determinado. Son además relativamente fáciles de programar.

Las ecuaciones de las tangentes, que son las líneas babilónicas, vendrán dadas por

$$y - y_k = \frac{\tan\varphi}{\sqrt{2x_k \tan\varphi + \tan^2\varphi - 1}}(x - x_k)$$

El último paso es la representación gráfica de estas últimas que muchos programas de computadora pueden realizar.

En los relojes babilónicos el gnomon debe estar colocado perpendicular al cuadrante, colocado en el punto de coordenadas (0,0) y su tamaño *h* debe ser la unidad, como repetiremos después.

Reloj babilónico vertical

Como hemos dicho en los relojes de sol de horas astronómicas el reloj vertical se diseña y calcula igual que el horizontal sin más que tener en cuenta que el ángulo que forma el gnomon con la pared ya no es la latitud, sino la colatitud. Por tanto no necesitamos de nuevas fórmulas. Pero si el reloj es vertical declinante y queremos diseñarlo como de horas babilónicas, volveremos a las fórmulas del último párrafo, pero teniendo en cuanta esta vez, como hicimos con el otro tipo de relojes, que

$$\begin{aligned} \xi &\Rightarrow \operatorname{sen} d\, \xi + \cos d\, \eta \\ \eta &\Rightarrow -\cos d\, \xi + \operatorname{sen} d\, \eta \end{aligned}$$

donde el parámetro *d* tiene el mismo significado que antes. Las figuras están en el texto.

EL GNOMON

Una norma práctica en el momento de construir el reloj de horas astronómicas es que el estilete o gnomon esté clavado en el punto proyección del P.N. y dirigido hacia ese mismo P.N. de la bóveda, para que la sombra del mismo coincida con las líneas horarias. De esta forma se aprovecha al máximo la sombra que produce.

El gnomon en todos esos relojes estará obligatoriamente en el plano meridiano. La longitud del gnomon *L* será tal que la proyección de su punta caiga en el centro de coordenadas del plano de proyección. De forma que si estamos en un plano gnomónico que ha partido de una esfera unidad, la proyección del estilete tendrá para los relojes horizontales la longitud $p = \cot \varphi$, que es la distancia desde la proyección del P.N. al centro de coordenadas del plano *xy*, y para los verticales será $p = \tan \varphi$, y por tanto la longitud del gnomon deberá ser $L = \dfrac{1}{\operatorname{sen} \varphi}$ para los horizontales y $L = \dfrac{1}{\cos \varphi}$ para los verticales. Con ello se da por supuesto que la altura de la punta del gnomon sobre el plano del reloj es siempre la unidad, puesto que $p = h \cot \varphi$ y hemos visto que la proyección gnomónica nos exigía que en los horizontales se cumpliese que $p = \cot \varphi$. De modo análogo, para los verticales.

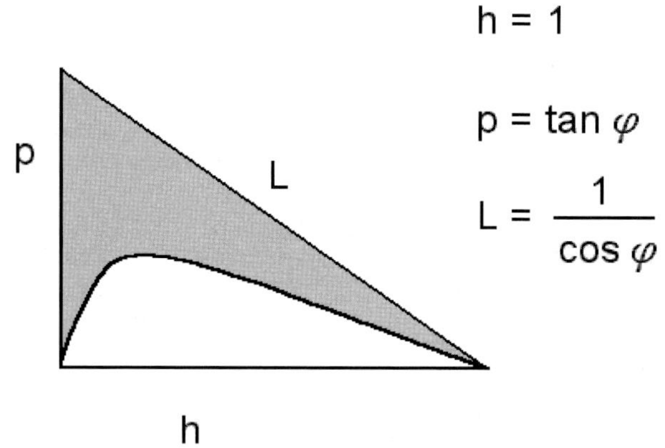

Fig. 49ª Triángulo del gnomon

Naturalmente que la colocación del gnomon en un reloj declinante tendrá que estar también en el plano del meridiano local, y la proyección *p* sobre el plano del reloj tendrá una longitud $p=\sqrt{\dfrac{\tan^2\varphi+\operatorname{sen}^2 d}{\cos^2 d}}$ porque ésta es la distancia de la proyección del P.N. al centro de coordenadas del plano, mientras que la longitud del gnomon deberá ser $L=\sqrt{1+p^2}=\sqrt{\dfrac{1+\tan^2\varphi}{\cos^2 d}}$ que puede ponerse en la forma $L=\dfrac{1}{\cos\varphi\cos d}=\sec\varphi\sec d$, que es más sencilla. Es claro que hemos tomado $h=1$.

En los relojes verticales no declinantes el ángulo que forma el gnomon con la pared es $90°-\varphi$, pero en los declinantes el ángulo es distinto. Lo llamaremos $90°-\alpha$, donde α es un ángulo tal que se cumple que $\cos\alpha=\cos\varphi\cos d$, con lo cual podemos decir que $L=\dfrac{1}{\cos\alpha}$ y $p=\tan\alpha$. Fórmula genérica que nos sirve para todos los relojes verticales, pues cuando $d=0$, volvemos a las fórmulas originales. Es cierto, por otro lado, que el ángulo que forma el gnomon con la proyección del meridiano local siempre será de $90°-\varphi$ en todos los relojes verticales, tanto meridionales como declinantes.

El gnomon en los relojes babilónicos, itálicos y planetarios deberá ponerse siempre vertical al plano del reloj, colocado en el centro del plano de proyección y siempre de longitud unidad. Conviene que la cabeza o punta del gnomon quede clara porque es la proyección de sombra de la misma la que nos indicará la hora pertinente. En estos relojes la sombra del gnomon no cae sobre toda la línea de las horas, al contrario que en los relojes de horas astronómicas.

Para cada reloj la longitud del gnomon debe ser una longitud concreta y calculada. Pero para ello hay que definir lo que hemos estado llamando la unidad, es decir la longitud del cateto *h*. En principio cuando se diseña un reloj cualquiera de sol, es conveniente que aparezcan señaladas las posiciones en el cuadrante de la proyección del P.N. y del centro de coordenadas del mismo. Si se mide esta distancia, se tiene en unidades de longitud (metros o centímetros) la de la proyección *p* del gnomon, que es la distancia desde la proyección del P.N. al centro de coordenadas del plano *xy*, como se ha dicho. Entonces se calculará *h* a partir de $h=\dfrac{p}{\cot\varphi}$ en los relojes horizontales, o de $h = \dfrac{p}{\tan \varphi}$, en los verticales, con lo que se tendrá *h* en unidades de longitud. En el caso de relojes declinantes se utilizará la fórmula $h = \dfrac{p}{\tan \alpha}$, tal como se vio anteriormente. Después se tomará, en todo caso y como es lógico, $L = \sqrt{h^2 + p^2}$, y por lo mismo vemos que sirve como gnomon un triángulo rectángulo que tenga de catetos *h* y *p*, cuya hipotenusa sea *L*. Pero si se quiere que el gnomon sea un estilete, se podrá hacer con tal de que tenga la longitud calculada y esté colocado en el ángulo correcto. Sugerimos que siempre se utilice el triángulo descrito, al menos como plantilla, para una perfecta colocación del gnomon.

RELOJ HORIZONTAL. DISEÑO CLÁSICO

La manera de dibujar con regla y compás un reloj horizontal de horas astronómicas es la siguiente: Se toma un segmento vertical unidad OD en la recta NS, y sobre su extremo superior se trazan ángulos de 15° en 15°. El segmento OD es perpendicular a la recta de dirección EW (este-oeste). El segmento vertical DC ha de ser igual a $\frac{1}{\operatorname{sen}\varphi} = \operatorname{cos\,ec}\varphi$

como se deduce del dibujo mismo. Se dibuja con el transportador de ángulos el ángulo $\mathrm{CDG} = 90° - \varphi$. Con centro en D se dibuja un arco de circunferencia OG. GC es perpendicular a GD. A continuación se trazan las rectas desde C hasta las intersecciones de los ángulos descritos de 15°, con lo que se tendrán las líneas horarias del reloj horizontal ya que los ángulos que resultan responderán a la ecuación:

$$\vartheta_H = \arctan\left(\frac{\tan H}{\operatorname{cosec}\varphi}\right) = \arctan\left(\tan H \ \operatorname{sen}\varphi\right)$$

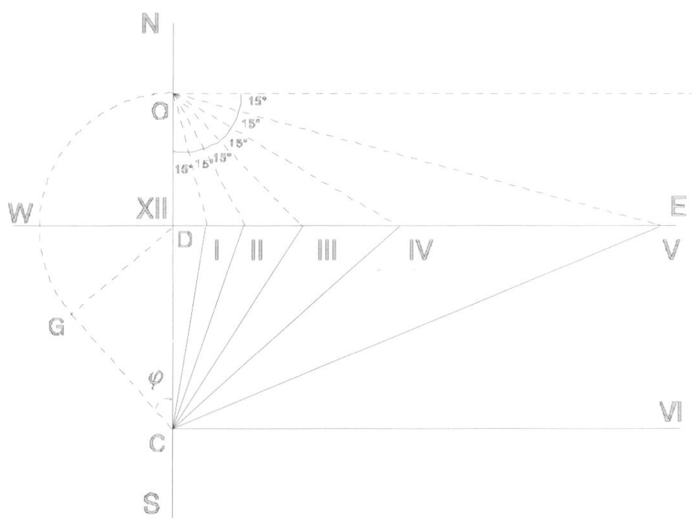

Fig. 50ª Reloj horizontal, tomado de Febrer

RELOJ VERTICAL DECLINANTE. DISEÑO CLÁSICO

El reloj vertical también tiene su manera de clásica de diseño, pero como para construir un reloj vertical basta con dibujar el correspondiente a la colatitud del horizontal, prescindimos de comentarlo. En cuanto al reloj vertical declinante se comienza por diseñar el reloj vertical meridional, y después se traza una recta que forme con la perpendicular un ángulo igual a la declinación de la pared de que se trate. El procedimiento está explicado convenientemente en el libro de Febrer, y como hoy el diseño por ordenador es fácil de realizar, no entramos en más detalles. Sólo queremos alabar un libro tan clásico.

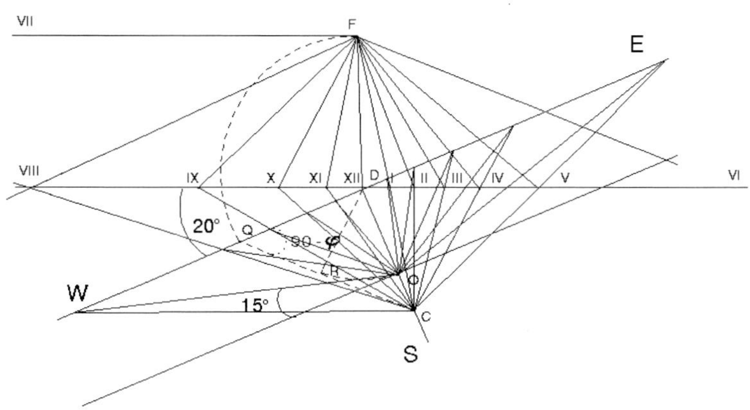

Fig. 51ª Reloj vertical declinante, tomado de Febrer

APÉNDICE A: LA FECHA JULIANA

En las Efemérides Astronómicas, que se editan en San Fernando (Cádiz) vemos que dedican unas columnas al día del año, el cual comienza el día 1 de enero, que es el primero de los días, y termina el 31 de diciembre, y que en el año 2000 es el 366º día del año, por ser año bisiesto. Sigue ahora una fila en que se dice:

«Día Juliano = 2 451 543,5 + día del año». De este día o fecha queremos hablar, no sin antes tener en cuenta que en esa página encontramos un tesoro de datos correspondientes a ese año:

Áureo número	VI	Indicción romana	8
Epacta	24	Letra dominical	b A
Ciclo solar	21	Letra del martirologio romano	E

Todos estos datos se refieren naturalmente a un año concreto, y se han tomado de las Efemérides del año 2000.

Hablaremos en seguida de esos parámetros y de su influencia en la determinación de la fecha o data juliana, pero antes haremos alusión a ese 0,5 que va añadido en el guarismo determinante de dicha fecha. Eso se debe a que la data juliana empieza a contar a mediodía y no a medianoche como nuestro día civil. Por ello al empezar nuestro día civil el día juliano mantiene esa diferencia de medio día.

Esto que puede parecer un inconveniente deja de serlo en cuanto pensamos en los astrónomos. Ellos observan de noche, y los fenómenos que ocurren hay que fecharlos, como es natural. Pero si el fenómeno tuviese una duración de varias horas nocturnas habría que datar ese fenómeno con dos fechas al haber tenido lugar durante él el cambio de día.

Digamos algo otra vez del número áureo: A cada año desde tiempo inmemorial se le asigna uno, que se escribía con letra dorada, y que estaba comprendido entre 1 y 19. Sabemos ya que Metón había comprobado que el ciclo lunar de las fases se repetía en una determinada fecha del calendario cada 19 años. Así, si el 2000 la luna nueva de agosto ha sido el día 29, también sucedió esto hace 19 años, y volverá a suceder dentro de 19. Además esta serie áurea, unida a los años, no se ha interrumpido nunca, a pesar de que ya hace tiempo que se sabe que el ciclo de Metón es aproximado y no exacto. El año 2000 teníamos como número áureo el VI, o el 6, según lo queramos escribir, y el 2002, el VIII o el 8.

Por otro lado como el año juliano (de Julio César) tenía 365,25 días, el que el 29 de agosto haya sido martes no es una propiedad del año 2000, sino que se ha dado muchas veces antes, y se volverá a dar en lo futuro. Pero dijimos que hay un ciclo de 28 años en que el calendario se repite totalmente, de forma que nos sirve el de 1972 para conocer el día de la semana correspondiente a todos los días del año 2000. Si no hubiese años bisiestos, cada siete años se repetiría el calendario en lo que se refiere al día de la semana de una fecha concreta. Pero, al haber un bisiesto cada cuatro años, es lógico que sea 28, producto de 7 por 4, el número de la repetición. Pues bien, de este ciclo al 2000 le corresponde el 21. Y así aparece en las Efemérides en el número asignado al Ciclo solar.

Si multiplicamos 19 por 28 nos encontramos otro bonito número: el de 532 años, que determinará un ciclo en el que nos tendríamos que volver a encontrar con un 29 de agosto que además de ser martes, tendría con seguridad luna nueva, tanto si los 532 años los contamos hacia adelante como hacia atrás, y esto ya lo hemos visto cuando hemos hablado de Dionisio el Exiguo, y sería válido si no hubiese la corrección que en los años centenarios impone la reforma gregoriana. José Justo Escalígero busca un ciclo más amplio y multiplica arbitrariamente 532 por 15, que es un ciclo artificial, el de la indicción, de 15 años, instituido por Constantino para sustituir el de las Olimpiadas, y que se conservó como ciclo cronológico en muchos documentos del Vaticano. A nuestro 2000 le corresponde como número de indicción el 8.

Cada año tiene por tanto asignados tres números, que escribiríamos así en una tabla:

Año	Año juliano	Epacta	Nº Áureo	Ciclo solar	Indicción
2000	6713	XXIV	6	21	8
2001	6714	V	7	22	9
2002	6715	XVI	8	23	10

Como se ve, añadiendo 4713 al año en curso se tiene el año juliano. El producto de 532 por 15 da 7980, que serían los años del ciclo. Por tanto esta tabla empezaría el primer año juliano y terminaría el año juliano 7980, que sería el año 3267 para nosotros, de manera que a los últimos años de este ciclo y primeros del siguiente les corresponderían los parámetros que se ven en la siguiente tabla, en la que se podrá comprobar que en el año 3268 empezará un segundo ciclo juliano.

Año	Año juliano	Epacta	Nº Áureo	Ciclo solar	Indicción
3266	7979	*	18	27	14
3267	7980	XI	19	28	15
3268	7981	XXIII	1	1	1
3269	7982	IV	2	2	2

Si ahora buscamos el principio de este calendario, tendremos:

Año	Año juliano	Epacta	Nº Áureo	Ciclo solar	Indicción
-4712	1	XI	1	1	1
-4711	2	XXII	2	2	2
-4710	3	III	3	3	3

lo cual explica lo aparentemente arbitrario de la elección de Escalígero: Su ciclo comienza con los tres unos, y se termina cuando acaba el año en que los tres números son respectivamente 19, 28 y 15. En todos los cálculos siempre se supone que hubo año cero, aunque ya sabemos que, en el cómputo de Dionisio, al año 1º antes de Cristo le sigue el primer año de la Era cristiana.

El hecho de que los tres números dichos no basten para fijar los ciclos solares y lunares es el argumento, contra Escalígero, de los partidarios de las epactas, que nosotros hemos incluido en todas las tablas, como puede verse. Pero las epactas también han debido acomodarse a la reforma gregoriana, ya lo dijimos en su momento, y además, aunque por definición las epactas deben indicar la fecha de la primera luna nueva del año, no siempre lo hacen con toda precisión.

De todas formas al astrónomo aficionado le gustará comprobar que en la página 282 de las Efemérides mencionadas se nos dice que el día 1º de enero de ese año 2000 la edad de la luna era de 24,1 días. En efecto, 24 es oficialmente la epacta de ese año, con lo que fácilmente podemos comprobar que, hasta cierto punto, se cumple la definición de epacta como «el número que indica la edad de la luna al comienzo de cada año».

Para saber el número áureo de un cierto año, se le suma una unidad y el resto de dividir por 19 es dicho número. Si el resto es 0, el número áureo es el 19. El ciclo solar se calcula añadiendo 9 al año de que se trate, y el resto de dividir por 28 es el ciclo solar, siendo 28 si el resto es nulo. La indicción a su vez, añadiendo 3 y dividiendo por 15. El resto nos da la indicción y si es cero, la indicción es 15.

Pero puesto que 7980 es el producto de 15 por 28 por 19, si consideramos el año juliano que corresponde al año actual, y en las Efemérides se nos dice que este año 2000 es el año juliano 6713 (o sea 2000 + 4713), el resto de las divisiones de 6713 entre 19, 28 y 15 respectivamente, nos llevará más fácilmente al número áureo, al ciclo solar y a la indicción del año correspondiente.

APÉNDICE B: NOMBRES DE LOS MESES

CALENDARIO	EGIPCIO	COPTO	GRIEGO
Akheth	Toth	Tut	Hekatombaion
	Paophi	Babah	Metageitnion
	Athyr	Hatur	Boedromion
	Choeac	Keihak	Pyanopsion
Peret	Tybi	Tubah	Maimakterion
	Mechir	Amchir	Posideon
	Phamenoth	Barmahat	Gamelion
	Pharmuti	Barmudah	Anthesterion
Chemu	Pachon	Bachnas	Elaphebolion
	Payni	Bu'nah	Mounichion
	Epiphi	Abib	Thargelion
	Mesori	Masari	Skirophorion
5 días epagómenos			

HEBREO	ISLÁMICO		REPUBLI CANO	HINDU
Tishri	Muharram	**Otoño**	Vindemiario	Caitra
Heshvan	Safar		Brumario	Vaisakha
Kislev	Rabi-al-Awal		Frimario	Jyaistha
Tevet	Rabi-at-Tani	**Invierno**	Nivoso	Asadha
Shvat	Yumada-l-Ula		Pluvioso	Sravana
Adar	Yumada-t-Tania		Ventoso	Barda
(Veadar)	Rayab	**Primavera**	Germinal	Sabina
Nisan	Sha'ban		Floreal	Kartika
lyar	Ramadan		Pradal	Agrahayana
Sivan	Shawal	**Verano**	Mesidor	Pausa
Tamuz	Du-l-Qa'da		Termidor	Magha
Av	Du-l-Hiyya		Fructidor	Phalguna
Elul				

CALENDARIO		CHINO		
Diez troncos celestiales	Jia	Doce ramas terrestres	Zi	Rata
	Yi		Chou	Buey
	Bing		Yin	Tigre
	Ding		Mao	Conejo
	Wu		Chen	Dragón
	Ji		Si	Serpiente
	Geng		Wu	Caballo
	Xing		Wei	Oveja, cabra
	Ren		Shen	Mono
	Gui		You	Gallo
			Xu	Perro
			Hai	Cerdo, Jabalí

CALENDARIO	MAYA	AZTECA	
G. días	G. meses	G. días	G. meses
Imix	Pop	Cipactli	Atlcahualo
Ik	Uo	Ehécatl	Tlacaxipehualiztli
Akbal	Zip	Calli	Tozoztontli
Kan	Zotz	Cuetzpalin	Uey Tozoztli
Chicchan	Tzec	Cóatl	Toxcatl
Cimi	Xul	Miquiztli	Etzalqualiztli
Manik	Yaxkin	Mazatl	Tecuilhuitontli
Lamat	Mol	Tóchtli	Ueytecuilhuitl
Muluc	Chen	Atl	Tlaxochimaco
Oc	Yax	Izcuintli	Xocolhuetzi
Chuen	Zac	Ozomatl	Ochpaniztli
Eb	Ceh	Malinalli	Teotleco
Ben	Mac	Acatl	Tepeilhuitl
Ix	Kankin	Ocelotl	Quecholli
Men	Muan	Cuauhtli	Panquetzaliztli
Cib	Pax	Cozcacuauhtli	Atemoztli
Caban	Kayab	Ollin	Titil
Etznab	Cumhu	Técpatl	Izcalli
Cauac	Uayeb	Quiahuitl	5 días nemontemi
Ahau		Xóchitl	

BIBLIOGRAFÍA

AGUSTÍ J., VOLTES P., VIVES J., *Manual de Cronología Española y Universal*, C.S.I.C., Escuela de Estudios medievales, Madrid MCMLIII 1953.

ALFONSO X, *Libros del Saber de Astronomía del Rey D. Alfonso X de Castilla*, Copilados, anotados y comentados por Don Manuel Rico Sinobas, Tomo IV, Eusebio Aguado, Madrid 1866.

AVENI A.F., *Observadores del Cielo en el México Antiguo,* Fondo de Cultura Económico, México 1993.

AVIÑÓN J. DE, *Sevillana Medicina*, Sevilla 1885.

BEDA EL VENERABLE, *De temporum ratione*, en Corpus Christianorum, Series Latina, CXXII B, Turnholt 1977.

BOORSTIN D. J., *Los descubridores*, Editorial Crítica, Barcelona 1986 [Traducción de *The Discoverers*, Random House, New York 1983].

BRAUER B. S., DEARBORN D. S. P., *Astronomía e imperio en los andes*, Centro de Estudios Regionales Andino "Bartolomé de Las Casas", Cuzco (El Perú) 1998.

CAPELLI A., *Cronologia, Cronografia e Calendario Perpetuo*, Milano 1969.

CASTIÑEIRAS GONZÁLEZ M. A., *Os traballos e os dias na Galicia medieval*, Santiago de Compostela 1995.

CASTIÑEIRAS GONZÁLEZ M. A., *El Calendario Medieval Hispano. Textos e Imágenes (siglos XI-XIV)*, Junta de Castilla y León 1996.

CIPOLLA C. M., *Le Machine del Tempo. L'orologio e la societa (1300-1700)*, Il Mulino, Bologna 1981 [Traducción, por el autor, de *Clocks and Culture 1300-1700*, Collins, London 1967].

CIPOLLA C. M., *Las Máquinas del tiempo y de la Guerra. Estudios sobre la Génesis del capitalismo*, Crítica, Barcelona 1999 [La primera parte es la traducción, del anterior].

CLAVIUS CH., *Gnomonices libri VIII*, Apud Franciscum Zanettum, Roma 1581.

CHAUES H. DE, *Chronographia o reportorio de los tiempos*, Valladolid 1548.

DALE R., *Timekeeping*, The British Library, London 1992.

DOHRN-VAN ROSSUM G., *L'histoire de l'heure. L'horlogerie et l'organisation moderne du temps*, Éditions de la Maison des sciences de l'homme, Paris 1997 [Traducción de *Die Geschichte der Stunde*, C. Hanser, Munich 1992].

DUNCAN D. E., *The Calendar*, Forth Estate, London 1999.

ELIADE M., *El mito del eterno retorno*, Arquetipos y Repetición, Emecé Editores, Buenos Aires 1968.

ESQUIROL J.M., *El respirar de los días, una reflexión filosófica sobre el tiempo y la vida,* Paidós, Barcelona 2009.

FEBRER CARBÓ J., CABAL DALBY E., *Lecciones de Astronomía Elemental*, Reverté, Barcelona 1948.

GARCÍA DE CÉSPEDES A., *Libro de Reloges de Sol*, Manuscrito en la Real Academia de la Historia, c. 1590.

GIMPEL J., *La révolution industrielle du Moyen Age*, Éditions du Seuil, Paris 1975.

HAMPSON R.T., *Medii Aevi Kalendarium or dates, charters and customs of the Middle Ages, with Kalendars from the tenth to the fifteenth century,* Vol.I, Henry Kent Causton, London MDCCCXLI 1841.

HOSKIN M., Ed., *The Cambridge Illustrated History of Astronomy,* Cambridge University Press 1997.

IBAÑEZ DE SEGOVIA Y PERALTA G., *Obras chronologicas,* A. Bordazar de Artazu, Valencia 1744.

JÜNGER E., *El libro del reloj de arena*, Tusquets Editores, Barcelona 1998 [Traducción de *Das Sanduhrbuch*, C.B.Nachfolger GmbH, Stuttgart 1979].

KIRCHER A., *Ars Magna Lucis et Umbrae*, J.Janssonio, Amstelodami 1671.

KULA, W., *Las medidas y los hombres*, siglo xxi editores, Madrid 1980.

L'Art de verifier les dates des faites historiques... par un religieux Benedictin de la Congregation de St. Maur, 3 vol., Alexandre Jombert jeune, Paris 1783-1787.

LEFORT J., *La saga des calendriers ou le frisson millénariste*, Belin, Paris 1998.

LANDES D.S., *Revolution in Time, Clocks and the Making of the Modern World*, Harvard Univ. Press, Cambridge, Ma. 1983.

LIPPINCOTT K. & al., *El tiempo a través del tiempo*, Grijalbo Mondadori, Barcelona 2000 [Traducción de *The Story of Time,* Londres 1999].

LORENZO A., *Uso e interpretación del Calendario azteca*, M. A. Porrúa editor, México 1983.

MAIGNAN E., *Perspectiva horaria sive de Horographia gnomonica*, Typis et expensis Philippi Rubei, Roma 1684.

MÜNSTER S., *Horologio-graphia*, Henricus Petrus, Basilea c. 1533.

MANE P., *Calendriers et Techniques Agricoles (France-Italie, XIIe-XIIIe siècles)*, Le Sycomore, Paris 1983.

OCAÑA JIMÉNEZ M., *Nuevas Tablas de Conversión de datas islámicas a cristianas y viceversa*, Instituto Hispano-árabe de Cultura, Madrid 1981.

PETAVII D., *Opus de Doctrina Temporum*, G. Gallet, Anvers 1703.

PETAVII AURELIANENSIS D., *De Doctrina Temporum*, B. Baronchelli, Venecia 1757.

RICCIOLI G., S.I., *Chronologiae reformatae...*, Haereis Dominici Barberii, Bononiae 1669.

RICOEUR P. et al., *Las Culturas y el Tiempo*, Ediciones Sígueme, Salamanca, y Unesco, París 1979.

ROIZ P., *Libro de Relojes solares*, Pedro de Huete, Valencia 1575.

SCALIGERI J., Julii Caesaris F, *Opus de Emendatione Temporum*, Ex oficina plantiniana, Lugduni Batavorum 1598.

SEGURA GONZÁLEZ W., *Hemerología. La Ciencia de los Calendarios*, Acento 2000 SL, Tarifa 2006.

SOLER GAYA R., *Diseño y Construcción de Relojes de Sol*, Col. de Ing. de Caminos, Canales y Puertos, Madrid 1989.

SOBEL D., *Longitude. The True Story of a Lone Genius Who Solved the Greatest Scientific Problem of His Time*, Four Estate Lted, London 1998.

SYNCELLUS G., *Chronographia*, Typ. Regia, Parisiis 1652.

TOSCA TH. V., *Tratado de Arquitectura Civil, Montea y Cantería, y Reloxes*, Valencia 1694.

VICENTE MAROTO M.I. & ESTEBAN PIÑEIRO M., *Aspectos de la Ciencia Aplicada en la España del Siglo de Oro,* Junta de Castilla y León, 1991.

VV. AA., *A History of Technology*, Clarendon Press, Oxford 1969.

VV. AA., *Las Tres Culturas en la Corona de Castilla y los Sefardíes*, Actas de las Jornadas Sefardíes y del Seminario de las Tres Culturas. León, Palencia, Salamanca y Valladolid, febrero de 1990, Junta de Castilla y León, 1990.

VV. AA., *Historia de la ciencia y de la técnica en la Corona de Castilla*, Junta de Castilla y León, 2002

WALKER CH., Ed., *Astronomy before the telescope*, British Museum Press, London 1996.

WAUGH A. E., *Sundials, their Theory and Construction,* Dover Publications, New York 1973.

WITHROW G. J., *El Tiempo en la Historia*, La evolución de nuestro sentido del tiempo y de la perspectiva temporal, Editorial Crítica, Barcelona 1990.

ZAMORANO R., *Cronología y Reportorio de la razón de los tiempos*, Rodrigo Cabrera, Sevilla 1594.